和風法式甜點

三星餐廳甜點師的盤式甜點設計

田中真理 Mari TANAKA・著

丁廣貞・譯

推薦序

無疑是近年來最令我驚喜的作品之一
──「Ying C. 一匙甜點舀巴黎」主理人、《法式甜點學》作者 Ying C. 陳穎

這幾年，食譜書與食物相關書籍，成了我藏書中壓倒性的存在。然而，多數食譜擔任收藏、啟發與參考文獻的角色，實用性並非最大的考量；能夠從頭翻閱到尾、每個食譜皆仔細審視的作品也不多。不過，田中真理主廚這本書不一樣。雖然是工作，但我發自內心地認為，因擔任審訂者而有機會仔仔細細閱讀過每一頁，比純粹以讀者或甜點師的角色遇見本書更幸運。

眾所周知，日本甜點師或廚師是法國餐飲界裡不可忽視的存在，而日本人在「深入學習」「比正統更正統」，甚至到「轉化為自己文化」的面向上更幾乎無所匹敵，本書具體而微地呈現了這樣的投入與努力。近年來抹茶、柚子、芝麻等和風食材風靡法國甜點界，但看日本甜點師如何使用這些自己爛熟於心的食材，創作原本屬於異國文化的餐點，比法國主廚們將其視為異國風情的點綴更有看頭。且和風食材的底蘊，自然遠遠超出於上述範疇。本書以 8 大類別介紹共 44 種日本食材，其取材之廣泛、使用之自然、轉化之驚喜都極為可觀，如果不是長期對日、法餐飲文化皆有深刻的思索與實作經歷，不可能交出如此成績單。作者與編輯協力合作，不僅以極精簡的篇幅介紹食材特色、種類和搭配，還以清晰易懂的步驟與照片呈現實作。甜點師能在其中找到實際無比的應用、一般讀者能看得興味盎然，而「和風法式」的主題思索，甚至對目前位居台灣餐飲界論述主流的「台灣味」議題也有相當啟發，無疑是近年來最令我驚喜的作品之一。

前 言

聯合國教科文組織將「和食」納入世界非物質文化遺產名錄之中,已經有一段時間。如今在法國料理之中加入日式食材已不再罕見,最近在迎合素食者或為了降低引發過敏,使用日式食材的作法更是常見。本書是我在我的專業領域——甜點——之中,為讀者撰寫了使用和風食材的甜點食譜。內容中也提及了每種食材納入甜點之中時,該如何掌握其重點以及各種活用的方法。

當然,如果深入追尋根源,有些食材並非源自於日本,本書也包含了日常生活中,日本料理經常會使用到的其他材料。

一如法式料理餐廳裡也會使用日本酒入菜,希望將「和」「洋」的融合往前更進一步推進更深層次,我抱著這樣的心情寫下本書。從對學習甜點製作的人、對甜點有興趣的人的開始,若能對許多人都有幫助的話,我將深感榮幸。

田中真理

目 錄

推薦序——Ying C. 陳穎 2
前言 3

#1 穀類・種子

黑豆 黑豆的多樣變化 8
Déclinaison de Kuromame

紅豆 紅豆白桃凍盤 13
Terrine d'Azuki et pêches blanches

蕎麥 蕎麥甜點杯 19
Coupe au Soba

芝麻 芝麻的多樣變化 24
Déclinaison de Goma

玄米 發芽玄米燉飯焦糖鳳梨 30
Risotto de Genmai germé, ananas caramélisé

黍米 黍米黑櫻桃烘餅 35
Galette de Kibi et cerises noires

毛豆 毛豆格子鬆餅法式白奶酪冰沙 39
Gaufrettes à l'Edamame, sorbet au fromage blanc

番薯 番薯蘋果的「真薯」 44
SHINJO de Satsumaimo et pommes

#2 花・草本植物・香料

櫻花 櫻花草莓芭菲 50
Parfait au Sakura et fraises

菊花 酥炸菊花血橙雪酪 56
Frites de Kiku, sorbet à l'orange sanguine

艾草 艾草布丁黑糖冰淇淋 62
Crème au Yomogi, glace au sucre de canne brun

紅紫蘇 紅紫蘇馬卡龍與紅紫蘇糖燉桃 67
Macarons au Shiso rouge, pêches pochées

山椒 山椒芒果盤優格雪酪 73
Assiette de Sansho et mangue, sorbet au yaourt

生薑 生薑雪酪炒草莓 78
Sorbet au Shoga, fraises sautées

山葵 山葵巧克力的組合 83
Composition de Wasabi et chocolat

#3 調味料

味噌 味噌胡桃芭菲 90
Parfait au Miso et noix de pécan

	醬油	醬油無花果甜點 Dessert de Shoyu et figues	……… 95
	味醂	味醂覆盆子冷湯 Nage de Mirin et framboises	……… 99
	日本酒	冰凍日本酒慕斯及柳橙醬 Mousse glacée au Saké, sauce à l'orange	……… 104
	酒粕	酒粕鬆餅葡萄乾冰淇淋 Pancakes au Sakékasu, crème glacée aux raisins secs	……… 109
	鹽麴	輕炒鹽麴鳳梨及米麴雪酪 Ananas sauté au Shio-Koji, sorbet au Kome-Koji	……… 114
	米麴 甜酒	米麴甜酒法式奶凍 Blanc-manger à l'Amazaké	……… 118
	黑糖	黑糖沙布列及脆餅 Sablés au Kokuto et croquants	……… 123
	和三盆	和三盆義式奶凍麻花千層棒 Panna cotta au Wasanbon, sacristains	……… 128
#4 米穀粉	白玉粉	白玉丸子與蘋果可麗餅 Crêpe de Shiratama et pommes	……… 134
	道明 寺粉	道明寺粉凍吉拿棒 Gelée au Domyoji et ses churros	……… 139
	上新粉	上新粉脆片及巧克力花生 Chips de Joshinko, chocolat et cacahouètes	……… 144
#5 天然植物凝膠	蕨粉	蕨餅蜜柑圓餅 Disque de Warabimochi et mandarins	……… 150
	葛粉	百香果葛粉條及葛粉榛果法式布丁 Gelée de Kuza au fruit de la passion, flan au Kuzu et praliné noisette	……… 155
	寒天	使用範例及用於甜點製作時的重點 Kanten / Agar-agar	……… 160
#6 茶	煎茶	煎茶捲及煎茶法式冰沙 Rouleaux au Sencha et son granité	……… 162
	抹茶	抹茶舒芙蕾及冰淇淋 Soufflé au Matcha et sa crème glacée	……… 169
	焙茶	焙茶烤布蕾水梨雪酪 Crème brûlée au Hojicha, sorbet aux poires japonaises	……… 174

目錄

#7 大豆製品

豆腐　高野豆腐版法式吐司豆腐慕斯 180
Koya-Dofu comme un pain perdu, mousse au Tofu

黃豆粉　黃豆粉蛋糕焦糖柳橙 185
Gâteau au Kinako, oranges caramélisées

豆腐渣　豆腐渣奶酥烤蘋果 190
Crumble à l'Okara, pommes au four

豆腐皮　豆腐皮熱帶水果千層派 194
Millefeuille de Yuba et fruits exotiques

#8 水果

柚子　柚子巧克力甜點杯 200
Coupe au Yuzu et chocolat

日向夏　日向夏冰淇淋蛋糕 205
Vacherin au Hyuganatsu

大橘　大橘與義式奶凍組合 211
Composition d'Otachibana et panna cotta

枇杷　烤枇杷與枇杷茶冰淇淋 216
Biwa rôti, crème glacée au thé de Biwa

梅子　梅子達克瓦茲與法式冰沙 221
Dacquoise à l'Ume et son granité

李子　輕炒李子柳橙鮮奶油 226
Sumomo sauté, crème légère à l'orange

柿子　柿子克拉芙緹及那不勒斯雪酪 231
Clafoutis au Kaki, sorbet napolitain

index　甜點元素種類別索引 235

指南·製作時的重點

- 烤箱或微波爐的加熱時間僅為參考。不同機種會有差異,請依食材的狀態斟酌加減。
- 需要將柑橘類汆燙後再使用的情況之下,「淨重〇〇g」指的便是汆燙後所計算的重量。燙過後的食材會含有水分的重量,所以一定要燙過後再量。
- 提到材料分量時會有「香草莢與香草籽」,製作時會使用到「從指定分量的香草莢裡取出的香草籽」及「已經取出香草籽後的香草莢」兩種。
- 沒有特別指定的情形下,奶油使用無鹽奶油。
- 柑橘類的「切片」,指的是切除外皮,僅使用果肉部份。
- 「糖度30」指的是用1350g的細砂糖對上1公升的水煮開溶化、冷卻後的糖漿。

#1 穀類・種子
Céréales, Graines

黑豆的多樣變化
Déclinaison de Kuromame

使用日本正月料理中常見的黑豆,搭配黑豆茶或煎黑豆,
呈現出一道能同時享用黑豆多種面向的甜點。
柔軟濕潤的黑豆、果凍狀的黑豆茶、被巧克力包覆起來的煎黑豆⋯⋯
令人期待的繽紛多變口感。

和風食材 1

黑豆

黑豆　Kuromame
Soja noir (Haricot noir)

Data
分類　　　豆科大豆屬
主要產地　【丹波黑】兵庫縣、京都府、岡山縣、滋賀縣
　　　　　【中生光黑】北海道
採收時期　9～11月
挑選方法　沒有蟲蛀或傷痕。顆粒大小一致，沒有皺紋，外型飽滿有光澤。
保存方法　裝入密封容器存放於陰涼處。

(黑豆)

又被稱為「黑大豆」「葡萄豆」，是大豆的親戚，黑色素中富含花青素。大豆在日本被視為帶有強大的靈能力量，在各項祭祀儀式之中不可或缺，而黑豆則煮成甜點用於節慶料理。

● 使用範例
製作黑豆煮（P.10），濾乾水分後可以做成豆沙狀，也可做成慕斯。。

黑豆煮

(煎黑豆)

黑豆（黑大豆）經過熱炒或烘烤過，口感爽脆可以直接食用。換季時所吃的大豆的黑豆版。

● 使用範例　可做為穀麥（Granola）或帕林內脆片（Praliné Feuillantine）。也可用研磨機攪拌成顆粒較粗的豆粉。

煎黑豆
帕林內脆片

(黑豆茶)

黑豆煎焙得又脆又香，之後用來取做茶湯。

● 使用範例
使用黑豆的液體精華。可做成茶凍、布丁、冰淇淋等。

黑豆茶凍

(黑豆粉)

以黑豆磨成粉做成的黑豆粉，有著濃烈的豆香。以烤箱160°C烘烤10分鐘，香氣更明顯。雖然也有市售成品，但也可以自己用研磨機磨碎煎過的黑大豆。

● 使用範例
可以用在冰淇淋或混合於磅蛋糕麵糊之中。由於帶有吸收水分的特性，混合時水的分量要增加。

用於**甜點製作**時的重點

避免過於明顯的調味
為了讓黑豆的香氣及風味發揮出來，請避免過於濃厚的調味或加入刺激性的香辛料。

享受食材的多種變化
黑豆茶、煎黑豆、黑豆粉……黑豆的加工食品種類繁多。在發想甜點時，也可把各種食材的使用方法及口感一併考慮進去。

Déclinaison de Kuromame

composant 1

黑豆煮
Kuromame cuit

材料　便於操作的分量

黑豆	250g
水	1.5L
A 細砂糖	80g
黑糖	80g
小蘇打粉	5g
鹽	2g
醬油	18g
蜂蜜	40～80g

作法

1. 取一厚重大鍋將水煮開，倒入A把糖類煮至溶化。熄火，倒入洗淨的黑豆，室溫下靜置約5小時。

2. 以中火加熱步驟1，沸騰後轉小火，並清除浮沫。

3. 以烘焙紙做落蓋，以極小火慢煮約3小時（為了不讓黑豆浮出水面，感覺變得濃稠時就再加熱水）。如果火太大一直沸騰的話，豆子外皮可能會煮破，請留意。

4. 待黑豆煮至連外皮都變軟後（黑豆冷卻後會略為變硬，所以煮軟的程度請把這個因素也一併考量），加入蜂蜜，再煮至沸騰即可熄火。蓋上落蓋，置於常溫下冷卻。

composant 2

黑豆茶凍
Gelée au thé de Kuromame

材料　8人份

水	500ml
黑豆茶	7g
細砂糖	茶湯的6%
吉利丁凍*	茶湯的2%

作法

1. 鍋內煮滾水，加入黑豆茶後煮至沸騰。熄火後加蓋，靜置10分鐘悶蒸。

2. 把黑豆茶渣濾掉。測量茶湯重量，加入重量6%的細砂糖、2%的吉利丁凍，與茶湯融合。

*不需要事先以水泡軟，可以直接加在溫熱液體內的吉利丁凍。

3 將容器底部浸泡冰水冷卻後，再放入冰箱冷藏固定。切成適當大小。

3 倒入已鋪好OPP保護膜的不鏽鋼料理盤內，略為撥開整平。送入冰箱冷藏。

composant 3

煎黑豆帕林內脆片
Praliné feuillantine au Kuromame grille

／材料　便於操作的分量

煎黑豆	55g
Ⓐ 帕林內（Praliné）	25g
牛奶巧克力	35g
薄餅脆片（Feuillantine）	40g

／作法

1 將1/3～1/2分量的煎黑豆以刀子大略切碎。

2 在攪拌盆中混合A，隔水加熱融化。之後加入步驟1混合，再把剩下的煎黑豆、薄餅脆片一併加入，仔細拌勻。

composant 4

牛奶巧克力雪酪
Sorbet chocolat au lait

／材料　6人份

牛奶巧克力	95g
鮮奶	250g
鮮奶油（乳脂含量35%）	70g
Ⓐ 細砂糖	20g
穩定劑	4g
白蘭地	8g
酸奶油（Sour Cream）	20g

／作法

1、牛奶巧克力切碎後，放入料理盆內備用。

2、在鍋子裡倒入牛奶、鮮奶油後加熱。倒入混合好的A，同時攪拌至煮沸。

3、趁熱倒進步驟1內，然後加入白蘭地、酸奶油，混合均勻。以手持式均質機均質，直到質地完全均勻為止。

4、讓料理盆底浸泡冰水幫助散熱冷卻。最後倒入冰淇淋機內並啟動。

Déclinaison de Kuromame

組合・呈盤

/ **材料**　裝飾用

銀箔 ……………………………… 適量

1、
將黑豆置於廚房紙巾上，吸取多餘煮汁。

2、
煎黑豆帕林內脆片大略切碎，在呈盤用的容器內放入20～30g。再加上黑豆茶凍30g。

3、
取一球牛奶巧克力雪酪，整形成橢圓形，挑選比例平衡的位置擺放。黑豆茶凍上方擺放約25g的黑豆煮，最後以銀箔裝飾。

紅豆白桃凍盤
Terrine d'Azuki et pêches blanches

老實說，我從以前就不怎麼喜歡小紅豆煮過後沙沙的口感，
該怎麼做才能忽略這點而好好享用呢？這便成為我構想的出發點。
把紅豆跟淡雪羹或起司蛋糕組合在一起，再配上多汁的糖燉白桃，
以凍盤的形式裝盤呈現，完成這道口感清爽新穎且滿足感一百分的甜品。

和風食材 2

紅豆

小豆　Azuki
Haricot azuki (Haricot rouge)

Data

分類	豆科豇豆屬紅豆亞屬
主要產地	北海道、兵庫縣、京都府
採收時期	8～10月。新豆在11月上旬上市
挑選方法	愈新鮮愈好。鮮明的紅色就是新鮮的証明。飽滿圓潤、表面光滑為佳。

（紅豆）

西元3世紀左右傳入日本。紅色被視為具有去除晦氣的作用，自古以來便常被使用於宗教儀式之中。在製作紅豆飯及和菓子時更是不可或缺的重要食材，較大顆的稱為「大納言紅豆」，主要用於製作紅豆餡。

紅豆粉
粉末狀的豆沙。沖泡熱水還原後，倒掉2～3次沉澱後上層的液體，再加入砂糖重覆攪拌，便可做成紅豆泥。

煮紅豆時的重點

不要泡水，直接煮
紅豆不需要再特別泡水，直接煮就可以。如果預先泡水，只有紅豆外皮會吸飽水分而容易破裂。想為紅豆增加甜味時，只要先把豆子煮軟，再加入砂糖或鹽即可。

「澀切」與否端看個人喜好
澀切這個動作，就是在把紅豆煮成甜品之前，先經過多次煮沸把外皮裡含有的「澀」（澀味或浮沫）給去除。不過若是澀切過度的話，也會讓紅豆變得淡而無味，要特別注意。新豆幾乎沒有什麼「澀」，有時也可省略這個步驟。

利用「糖」來調整風味變化
紅豆基本上是煮甜後使用，依據不同種類的糖，也能夠改變最終煮出來的成品口味。除了細砂糖或上白糖之外，也可使用風味較明顯的紅糖或蜂蜜。

● 使用範例
可以和起司蛋糕、磅蛋糕、淡雪羹、慕斯或冰淇淋混合使用。有3種類別可依喜好使用。

水煮紅豆　　紅豆餡　　紅豆泥

用於甜點製作時的重點

和味道濃郁的水果很合拍
紅豆搭配巧克力，或是草莓、柳橙這類味道明顯的水果都很合適。不太適合搭配味道清淡的水果。

考慮口感、配色到構成
紅豆水煮後沙沙的口感，跟桃子、草莓、麝香葡萄、柑橘類水果的水潤口感相互搭配，呈現出對比反差，也容易掌握分量比例。此外，著眼在紅豆特有的「紅色」上，構思最終成品的模樣，也是一種方法。

composant 1

水煮紅豆
Azuki cuit

/ 材料　便於操作的分量

紅豆	125g
水	適量
A 細砂糖	75g
紅糖	25g
蜂蜜	25g

/ 作法

1、紅豆洗淨後瀝去水分。在鍋裡放入紅豆及大量清水，煮至沸騰後倒掉熱水。然後同樣動作重複一次。

2、把已經瀝去多餘水分的紅豆放入鍋內，倒入剛好蓋過紅豆分量的清水，開火加熱。煮至沸騰後轉小火，蓋上剪成圓形的烘焙紙做為落蓋，持續熬煮1小時左右，過程中不時清除浮沫（為了不要讓紅豆浮出水面，偶爾可以補一下水）。

→ 製作紅豆泥時，從這個步驟開始接往右側的 arranger 1

3、把A混合好，待紅豆煮至連外皮都變軟後，先加入1/3分量，保持小火繼續煮至即將沸騰之前的狀態。重複這個動作2次，這樣就可慢慢增加甜味*。最後再加入蜂蜜拌勻。

→製作紅豆餡時，從這個步驟開始接往右側的 arranger 2

*一口氣加入太多糖會讓紅豆變硬，所以採用慢慢加入的作法

arranger 1

紅豆泥的作法
Koshian
Pâte d'Azuki tamisée

/ 作法

1、大碗上方加一個篩網，加入外皮已經煮軟、但尚未加糖的水煮紅豆（左欄步驟2完成後）。在大碗裡倒入水，水位高度剛好稍微可碰觸到篩網底部。在水裡以矽膠刮勺把紅豆壓過篩網，去除外皮。

2、大碗裡加入足夠分量的水，混合均勻。靜置5分鐘待紅豆沉澱後，倒掉上面的水。重複這個動作2～3次，直到最後倒掉的水是清澈的為止。

3、在篩網裡鋪上乾淨的紗布巾或較厚的廚房紙巾，過濾步驟2。把留在紗布巾裡的紅豆泥包起來，用力扭乾水分。

4、把步驟3的紅豆泥、水50g、細砂糖125～150g放入鍋中，點火加熱後以矽膠刮勺混合攪拌至喜歡的硬度。

arranger 2

紅豆餡的作法
Bouillie d'Azuki sucrée

/ 作法

1、把煮好的紅豆放入鍋內，盡量不要破壞紅豆顆粒，開小火加熱同時以矽膠刮勺攪拌混合。

2、加熱至矽膠刮勺能夠在鍋底畫出清楚的「一」時，表示完成。倒入料理盤內散熱冷卻。

Terrine d'Azuki et pêches blanches

composant 2

紅豆白桃冷盤
Terrine d'Azuki et pêches blances

1 紅豆起司蛋糕
Cheesecake à l'Azuki

/ 材料　10～12人份
（長 8 X 寬 25 X 高 6cm的凍盤模型1個）

奶油乳酪（Cream Cheese）……100g
紅豆泥（也可使用市售成品）……70g
細砂糖……………………………30g
蛋黃………………………………5g
全蛋………………………………40g
Ⓐ 低筋麵粉…………………………4g
　 玉米粉……………………………4g
酸奶油……………………………20g
奶油（塗抹模型用）……………適量

/ 作法

1　在模型底部薄塗一層奶油後，再鋪上烘焙紙。把Ⓐ混合好後過篩備用。

2　耐熱容器內放入奶油乳酪，以微波爐稍微加熱一下退冰。然後依照上方的材料順序，從紅豆泥開始到酸奶油為止依序加入奶油乳酪內，每加入一樣材料後都要仔細混合均勻。

3　倒入模型內整平表面，放在烤盤上後放入以160～180°C預熱好的烤箱，烘烤13～14分鐘（如果不想烤上色，可用120～140°C烘烤20分鐘左右）。

4　表面烤成功後*即可取出，不用脫模直接在模型裡散熱置涼。

＊表面塌陷的話表示還沒烤熟，表面裂開的話表示烤過頭

2 紅豆淡雪羹
Gelée d'Azuki

/ 材料　10～12人份
（15cm的正方型活動烤模1個）

棒寒天……………………………6g
Ⓐ 水………………………………100g
　 細砂糖……………………………25g
　 鹽…………………………………1g
蛋白………………………………80g
水煮紅豆（參考P.15）…………100g

/ 作法

1　棒寒天泡水約10分鐘。活動烤模放在淺盤上，在底部及側面噴上酒精薄霧，以OPP保護膜或保鮮膜包覆起來備用。

2　待棒寒天泡至邊角都變軟後，擰去水分，撕成小塊放入鍋中。倒入A後點火加熱，同時攪拌直到沸騰。

3　在料理盆內倒入蛋白，以手持式電動攪拌機打發蛋白直到變成固態。攪拌機不停，同時每次少量地倒進步驟2，持續打發直到溫度冷卻至摸起來不燙手（與體溫相當）的程度。

4　水煮紅豆以微波爐稍微加熱一下（約與體溫相當），然後取少量的步驟3和水煮紅豆混合。再把混合好的內容物倒回剩餘的步驟3內，以矽膠刮勺大致拌勻。

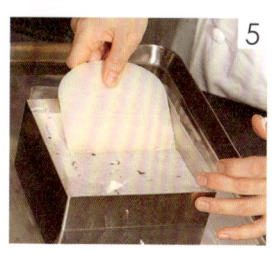

5　步驟4倒入活動烤模內，整平表面。送入冰箱冷藏1小時以上。

3　糖燉白桃
Pêches blanches pochées

/ 材料　10～12人份
（長8 X 寬25 X 高6cm的凍盤模型1個）

白桃 …………………………………… 2個
A　水 …………………………………… 250g
　　細砂糖 ……………………………… 80g
　　覆盆子果泥 ………………………… 30g
　　檸檬汁 ……………………………… 10g
　　維他命C粉（ascorbic acid）……… 6g

/ 作法

1、鍋中煮沸水，放入白桃約10秒後取出，再放入冰水之中，剝去外皮。切成8～10等份的半月形。
2、在鍋中混合A後煮至沸騰，放入白桃後轉小火加熱，直到鍋內糖漿變成80℃左右。
3、倒入大碗內，直接在室溫下靜置散熱。之後為了隔絕空氣，請用保鮮膜封起，送入冰箱冷藏1天。

4　白桃果凍
Gelée de pêches blanches

/ 材料　10～12人份
（長8 X 寬25 X 高6cm的凍盤模型1個）

吉利丁片 ……………………………… 8g
糖燉白桃時的糖漿（參考上記）…… 240g

/ 作法

1、吉利丁片以冰水浸泡還原。從糖燉白桃裡取出白桃，剩下的糖漿加熱至45℃左右，然後加入擰去水分後的明膠，混合至溶化。
2、倒入料理盆內，讓盆底浸泡冰水，持續攪拌直到產生黏度。

Terrine d'Azuki et pêches blanches

5 完工
Finition

1. 在凍盤模型（長8 X寬25 X高6cm）內側噴上酒精噴霧，接著取一大片保鮮膜（可將模型完全包覆起來的大小），在模型內側重疊3層。糖燉白桃放回白桃果凍裡，混合拌勻。

2. 去除淡雪羹的模型及OPP保護膜，對半切開再排列成長方形，最後裁切成適合凍盤模型（內圍）的大小。

3. 把白桃果凍倒入凍盤模型內，厚度約1cm。

4. 把紅豆起司蛋糕附著烘焙紙的底部朝上，放入凍盤模型內，輕輕下壓把氣泡擠出，再撕去烘焙紙。

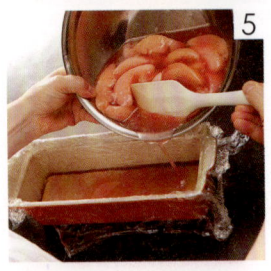

5. 倒入一層薄薄的白桃果凍，覆蓋起司蛋糕。

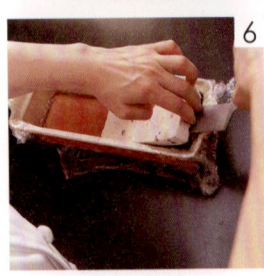

6. 疊上紅豆淡雪羹，上面利用抹刀水平下壓。

7. 緊密鋪上大量的糖漬白桃，整平後再緩緩倒入剩下的果凍。

8. 闔上邊緣的保鮮膜，送入冰箱冷藏半天以上，冷卻固定。

組合・呈盤

／材料　裝飾用

銀箔 ………………………… 適量

1、把凍盤連同外層保鮮膜一起從模型內取出切成1.5cm寬。去除保鮮膜，放入呈盤用的器皿內。

2、在凍盤的前後方平行鋪上水煮紅豆。加上銀箔點綴。

蕎麥甜點杯
Coupe au Soba

將近年來大受矚目的蕎麥，
以牛奶熬煮成蕎麥米布丁（Riz au lait）。
搭配蕎麥冰淇淋、蕎麥粉瓦片，
最後再灑上烘烤蕎麥做為點綴，香氣十足。
在米布丁裡的蕎麥如果冷掉了口感會變硬，
建議趁溫熱的時候享用。

和風食材 3

蕎麥

蕎麦　Soba
Sarrasin

Data	
分類	蓼科蕎麥屬
主要產地	北海道、茨城縣、栃木縣等
主要進口地	中國、美國、加拿大
採收時期	果實及粉類冷凍保存、蕎麥茶常溫保存

（ 蕎麥籽 ）

把名為「玄蕎麥」的蕎麥去除黑色外皮（蕎麥殼）後，所得到的便是蕎麥籽。也稱為「抜き実」（Nukimi）或「丸抜き」（Marunuki）。

● 使用範例
除了可以水煮、蒸煮外，也可以用烤箱烘烤。可以做成蕎麥米布丁（P.21）、烘焙蕎麥籽（P.23）、蕎麥粥餅（P.228）等等。也可以混入白米中一起烹調。

蕎麥米布丁 　蕎麥粥餅 　烘烤蕎麥籽

（ 蕎麥米 ）

把蕎麥籽水煮或蒸煮後去除外皮，再乾燥過後的成品。多用於長野、德島或山形等當地菜色之中。

（ 蕎麥茶 ）

把去除黑色外皮後的蕎麥籽加以烘烤成香氣十足的產品。熬煮後可做為茶飲。

● 使用範例
把蕎麥茶的精華釋放至茶湯內後使用。可做成蕎麥茶冰淇淋（P.21）、茶凍、慕斯、布丁等。

（ 蕎麥粉 ）

把去除外皮的蕎麥籽磨成粉末狀，也是蕎麥麵的原料。依照製作方式可分為一番粉、二番粉、三番粉、四番粉，也有連同外皮一起磨製的「全層粉」。在法國使用蕎麥粉最知名的料理為法式烘餅（Galette）。

● 使用範例
僅使用蕎麥粉，或是跟普通麵粉混合後使用。可以做成蕎麥粉瓦片（P.22）、沙布列等等。

用於**甜點製作**時的重點

靈活運用蕎麥細緻的風味
蕎麥的魅力在於它充滿香氣的細緻風味。做成甜點時當然可以單獨強調蕎麥的風味，若是要與其他食材結合時，要避免使用氣味強烈的材料，以免覆蓋蕎麥的味道。

選擇新鮮的食材
由於蕎麥籽或蕎麥粉的保鮮度不易維持、香氣容易流失，最好能儘快使用。保存方式建議冷凍為佳。

composant 1

蕎麥米布丁
Graines de Soba au lait

／材料　4～5人份

蕎麥籽	100g
牛奶	750g
紅糖	75g
鹽	1g

／作法

1. 蕎麥籽泡水30分鐘。

2. 把瀝乾水分後的步驟1及其他所有材料，都放入鍋內，點火加熱。煮沸後轉小火，時不時地攪拌一下，持續熬煮40分鐘。待蕎麥煮軟、牛奶煮得質地濃稠且液體量略為蓋過蕎麥的狀態便OK（蕎麥冷卻後會有點變硬，所以煮軟的程度請把這個因素也一併考量）。

3. 熄火後，步驟2倒入料理盆內，盆底浸泡冰水同時攪拌直到冷卻。※以冰箱冷藏保存。製作當天要使用完畢。

composant 2

蕎麥茶冰淇淋
Crème glacée aux graines de Soba torréfiées

／材料　15人份

Ⓐ
牛奶	600g
鮮奶油（乳脂含量35%）	140g
麥芽糖	20g
蕎麥茶	60g

Ⓑ
紅糖	80g
穩定劑	2g

／作法

1. 鍋內混合A後點火加熱。煮沸後熄火，倒入蕎麥茶，蓋上鍋蓋靜置悶蒸10分鐘。

2. 把混合好的B倒入步驟1內，再次點火加熱至沸騰。

3. 把步驟2過濾後倒入料理盆內，以矽膠刮勺下壓蕎麥茶，逼出所有的茶湯精華。盆底浸泡冰水降溫後，倒入冰淇淋機內並啟動。

Coupe au Soba

composant 3

藍莓果醬
Marmelade de myrtilles

/ 材料　5人份

藍莓	200g
檸檬汁	6g
A 細砂糖	16g
NH果膠粉	4g

/ 作法

1、混合好A，備用。
2、鍋裡放入藍莓及檸檬汁，輕輕以矽膠刮勺壓碎藍莓，同時加熱至沸騰。
3、倒入A後混合均勻，再次煮沸後熄火，直接在鍋子內散熱冷卻即可。

composant 4

蕎麥粉瓦片
Tuiles à la farine de Soba

/ 材料　便於操作的分量

奶油	30g
糖粉	30g
蛋白	28g
蕎麥麵粉	35g

/ 作法

1　料理盆內放入事前置於室溫退冰的奶油、糖粉，以打蛋器混合拌勻。倒入蛋白拌勻，再加入蕎麥粉。

2　以抹刀在烘焙紙上推開成約10 x 20 cm大小的薄片，再用三角鋸齒刮板劃出線條。

3　連同烘焙紙放入烤盤內，送入預熱至160°C的烤箱內烘烤10分鐘左右。

4　趁熱一次取3～4根，簡單捲成能夠放進呈盤容器的大小，再放在料理盤上散熱。

composant 5

焙烤蕎麥籽
Graines de Soba torrefiées

／材料　便於操作的分量

蕎麥籽 …………………… 適量

／作法

1、在烤盤內鋪上烘焙紙，灑上蕎麥籽。
2、送入預熱至150～170°C的烤箱烘烤15分鐘。

組合・呈盤

／材料　裝飾用

銀箔 ……………………………………… 適量

1、
在呈盤用的玻璃杯底部，鋪上厚厚一層約25～30g的藍莓果醬。

2、
倒入100～110g的蕎麥米布丁。

3、
放入橢圓狀的蕎麥茶冰淇淋。

4、
冰淇淋上方加上蕎麥粉瓦片、灑上焙烤蕎麥籽。

Coupe au Soba

芝麻的多樣變化
Déclinaison de Goma

通常用杏仁或榛果來製作的帕林內（Praliné），
改以黑白雙色芝麻來做變化。
另外芝麻瓦片也使用了雙色芝麻。
活用口味相當合拍的「芝麻 X 無花果」組合，
完成這道香氣十足的甜品。

和風食材 4

芝麻

ごま　Goma
Sésame

Data
分類　　　　胡麻科胡麻屬
主要產地　　印度及埃及
主要進口地　非洲、中南美、亞洲
保存方法　　裝入密閉容器或袋子內，置於陰暗處

（ 白芝麻 ）

產地遍布全球，在日本也很受喜愛。白芝麻的油脂含量比黑芝麻稍多。除了炒芝麻外，也有芝麻粉及芝麻碎。

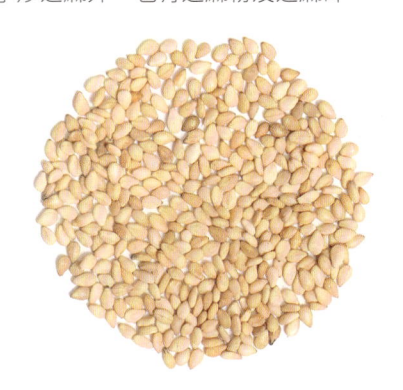

（ 金芝麻 ）

滋味豐富、香氣迷人。土耳其產的最為常見，近年日本國內產量也在增加中。也稱為「黃芝麻」「茶芝麻」。

（ 黑芝麻 ）

黑芝麻的香氣強烈。含有「花青素」多酚，具有抗氧化效果。

● 使用範例

除了芝麻帕林內（P.26）、芝麻瓦片（P.27）外，也可加在磅蛋糕這類的麵糊裡。

芝麻瓦片 　　芝麻帕林內

（ 白芝麻糊／黑芝麻糊 ）

把烘烤過的芝麻磨碎後做成膏狀。如果油脂和芝麻分離的話，攪拌均勻再使用即可。

用於**甜點製作**時的重點

搭配無花果或巧克力最佳
芝麻和無花果能夠相互提味，是非常好的組合。此外，芝麻跟巧克力也很合拍。

混合雙色芝麻做出變化
如果同時使用黑白兩色芝麻，即使是同一道甜點，也能增加視覺及味覺效果的變化。

芝麻粉現磨為佳
雖然也有已經磨好的市售芝麻粉，但若能當場用炒芝麻磨碎後使用，風味會更加分。

考慮芝麻糊的油脂含量
由於芝麻糊的油脂含量較高，使用時其他部分的油脂（例如奶油）就有必要減量調整。

● 使用範例

除了黑芝麻冰淇淋（P.28）外，也可用於布丁、慕斯或馬卡龍夾心內餡，或是混和拌入蛋糕的基底麵糊之中。

黑芝麻冰淇淋

Déclinaison de Goma

25

composant 1

芝麻帕林內奶餡
Crème au praliné de Goma

/ 材料　10人份

鮮奶油（乳脂含量35%）‥‥ 100g
酸奶油 ‥‥‥‥‥‥‥‥‥‥ 100g
芝麻帕林內（參考右記）‥‥ 60g
吉利丁片 ‥‥‥‥‥‥‥‥‥ 1g

/ 作法

1　吉利丁片泡冰水軟化。

2　鮮奶油及酸奶油放入料理碗中，打發至七分發。

3　把擰去水分後的吉利丁放入耐熱容器內，再倒入少許的步驟2後，以微波爐略為溫熱，攪拌使吉利丁溶化混勻。倒回步驟2的碗內，繼續攪拌混勻。

4　以打蛋器稍微打發步驟3，再加入帕林內後混合均勻直到質地呈現略為柔軟的程度。放入冰箱保存。

芝麻帕林內
Praliné de Goma

/ 材料　便於操作的分量

炒熟黑芝麻 ‥‥‥‥‥ 100g
炒熟白芝麻 ‥‥‥‥‥ 100g
A　水 ‥‥‥‥‥‥‥‥ 30g
　　細砂糖 ‥‥‥‥‥‥ 100g

/ 作法

1　A放入鍋內開中火，煮沸至120°C。

2　熄火，倒入2種芝麻後以矽膠刮勺快速拌勻，讓芝麻周圍都包覆上一層白糖（結晶化）。連鍋子底部也覆蓋一層白糖、芝麻散開不相黏時就OK。

3 再次以中火加熱，持續攪拌混合直到砂糖溶化、變成茶色的焦糖狀。

4 把步驟3散放在烘焙紙上，等待散熱。

5 倒入食物處理機內，打成柔軟滑順膏狀。

composant 2

芝麻瓦片
Tuiles au Goma

材料　15人份

炒熟黑芝麻	50g
炒熟白芝麻	50g
Ⓐ 鮮奶油（乳脂含量35%）	15g
奶油	30g
細砂糖	30g
麥牙糖	30g

作法

1 鍋裡放入A後點火加熱，同時攪拌至鍋內乳化。

2 煮沸後離開火源，加入2種芝麻，仔細攪拌讓芝麻均勻包覆糖衣。

3 把步驟2倒在鋪好烘焙紙的烤盤上，推平成適當大小。送入預熱至170°C的烤箱烘烤約20分鐘，直到整體均勻烤上色。

4 出爐後趁熱先切成5cm寬的長條，然後再切開成底長約3cm的小三角形。

5 以雙手輕拗成弧形，放在拖盤上散熱冷卻。如果變硬不好塑形的話，利用烤箱的餘熱重新烘軟再折即可。

Déclinaison de Goma

composant 3

黑芝麻冰淇淋
Crème glacée au Goma noir

/ 材料　6人份

A 牛奶 …………………… 180g
　鮮奶油（乳脂含量35%）…… 45g
　麥牙糖 ………………… 10g
蛋黃 …………………… 45g
紅糖 …………………… 35g
黑芝麻糊 ……………… 60g

/ 作法

1. 鍋裡放入A後混勻，加熱直到接近煮沸的狀態。

2. 在碗裡混合好蛋黃、紅糖，倒入一半的步驟1後混合拌勻。然後全部倒回鍋內，一邊混合攪拌同時加熱直到83°C。

3. 把步驟2過濾進料理碗內，加入黑芝麻糊，混合拌勻。

4. 以手持式均質機仔細均質。讓碗底浸泡冰水同時均質以利散熱，冷卻後倒入冰淇淋機內並啟動。

composant 4

無花果果醬
Marmelade de figues

/ 材料　15人份

無花果 ………………… 1kg
A 現磨柳橙 …………… 20g
　柳橙汁 ……………… 150g
　覆盆子泥 …………… 30g

B 細砂糖 ……………… 20g
　NH果膠粉 …………… 10g

/ 作法

1、無花果帶皮切碎。混合好B備用。
2、鍋裡放入無花果及A後加熱，同時攪拌直到煮沸。倒入B後攪拌均勻，全部倒入料理碗內，再以手持式均質機均質。
3、再次倒回鍋內，加熱至沸騰。

組合・呈盤

/ **材料**　裝飾用

無花果 .... 適量

1、
無花果切去蒂頭及底部，再切成8等份半月形後，以刀子和桌面平行的方式薄切外側果皮。

2、
呈盤用的器皿裡，以湯匙取無花果果醬，選2處畫出圓形。然後在果醬的附近，以芝麻帕林內同樣畫出圓形。

3、
放上3片步驟1切好的無花果片。

4、
折碎一些芝麻瓦片堆在中間，當成固定冰淇淋用的底座。然後插上2片瓦片在無花果上。

5、
取一球橢圓形的黑芝麻冰淇淋，放在步驟4的固定底座上。

Déclinaison de Goma

發芽玄米燉飯焦糖鳳梨
Risotto de Genmai germé, ananas caramélisé

最初的構想是使用玄米粉做出類似義大利波倫塔（玉米粥）的甜點，
不過因為著迷於發芽玄米的顆粒口感，最後選擇做成燉飯。
發芽玄米和香氣濃郁的食材相當合拍，
因此挑選了堅果、紅糖以及焦糖鳳梨來做搭配。

和風食材 5

玄米

玄米　Genmai
Riz complet

Data
分類　　　稻米種子（粳米）
採收時期　9～10月。

（發芽玄米）

粳米去除穎殼後便叫作玄米，把玄米泡水後使其發芽便是發芽玄米。含有維他命、礦物質、食物纖維及γ-氨基丁酸（GABA）。建議在製作甜點時，選用發芽玄米會比玄米更適合。不但泡水時間較短，口感也較佳。

● 使用範例
可以蒸煮，也可使用發芽玄米燉飯（P.32）的烹調方式。煮熟後放置於陽光下自然曬乾一週，再經過油炸變成「鍋巴」，淋上水果糖漿就變成一道甜點。

發芽玄米燉飯

（玄米粉）

玄米炒過後再磨成粉狀就是玄米粉。

● 使用範例
可以替換麵粉或是和麵粉混合，用於甜甜圈或美式鬆餅的麵糊，使用範圍廣泛。

玄米香穀麥

● 使用範例
淋上巧克力醬或跟焦糖一起煮後使用。也可做成玄米香穀麥（P.33）。

（玄米香）

以玄米製成的米香。以專用機器加熱同時加壓，再利用瞬間減壓讓米粒膨脹而成。減壓時所發出的「碰！」音近台語的「香」而得名。口感酥脆。

用於甜點製作時的重點

選用和玄米「香氣」合拍的食材
選擇搭配的材料時，可以用玄米的特色——香氣——做為主軸來思考。例如熱帶水果的鳳梨、芒果，或是莓果這類氣味明顯的水果，組合起來很適合。此外，玄米跟焦糖也很搭。

發揮粒粒分明、彈牙有嚼勁的口感
構想甜點時，可以從玄米或發芽玄米粒粒分明、彈牙有嚼勁的口感開始規畫。

蒸煮烹調時，水分要多
由於發芽玄米比白米更硬，如果希望煮軟一點，可以增加浸泡時間，或是烹煮時增加水分。但畢竟是米類，還是要注意產生黏性的問題。

Risotto de Genmai germé, ananas caramélisé

composant 1

發芽玄米燉飯
Risotto de Genmai germé

材料　10人份

發芽玄米	100g
Ⓐ 牛奶	600g
葡萄乾（切碎）	20g
細砂糖	50g
鹽	0.5g
英式蛋奶醬（參考右記）	全部分量

作法

1、鍋裡放入發芽玄米，加入足量的水後浸泡一晚。

2、直接把步驟1置於爐火上加熱至沸騰，再以冷水簡單沖洗去除黏性。

3、鍋裡放入A、瀝去水分後的玄米，點火加熱至沸騰後，轉極小火慢煮約30～40分鐘，中途時而攪拌，直到玄米的米芯都煮透為止。如果水分都煮乾了但米芯還沒透的話，可添加水或牛奶繼續慢煮。

4、水分濃縮得差不多、玄米也都煮軟後*1，熄火，直接散熱放涼。然後加入英式蛋奶醬混勻，送入冰箱冷藏*2。

英式蛋奶醬
Crème anglaise

材料　10人份

Ⓐ 牛奶	125g
香草莢與香草籽	1/4根
蛋黃	30g
細砂糖	20g

作法

1、鍋裡放入A，加熱直到沸騰前的狀態。

2、料理碗裡放入蛋黃、細砂糖，打散混勻後，把步驟1倒進來混合均勻。再倒回鍋裡，一邊攪拌同時加熱至83℃。

3、把步驟2過濾進料理碗內，碗底浸泡冰水，持續攪拌直到散熱冷卻。

*1、因為玄米冷卻後會變硬，所以煮軟時要把這點因素考慮進來，多煮軟一點。
*2、趁燉飯還溫熱時和英式蛋奶醬混合，也可做成一道溫甜點。

composant 2
玄米香穀麥
Granola au Genmai soufflé

材料　20人份

A 玄米香（參考P.31）……125g
　　杏仁片………………………50g
　　南瓜籽………………………30g
　　核桃…………………………30g
　　椰絲…………………………15g

B 蜂蜜…………………………50g
　　橄欖油………………………45g
　　紅糖…………………………35g
　　鹽……………………………4g

作法

1、把A散放在鋪好烘焙紙的烤盤內，送入預熱160°C的烤箱烘烤約10分鐘。出爐後直接置涼散熱即可。

2、取一大料理盆，把步驟1全部放入後混勻。

3、鍋裡放入B，一邊攪拌一邊煮沸。之後趁熱倒入步驟2的料理盆內，仔細混合拌勻。

4、散放在鋪好烘焙紙的烤盤上，以160°C的烤箱烘烤10分鐘。出爐後直接置涼散熱，再以雙手剝碎。

composant 3
焦糖鳳梨
Ananas caramélisé

材料　8人份

鳳梨果肉（去皮去芯）……4大片
細砂糖…………………………40g
水………………………………20g
蘭姆酒…………………………6g

作法

1、鳳梨切成一口大小。

2、細砂糖平鋪於平底鍋內，點火加熱直到變成薄薄的焦糖狀。倒入鳳梨片，讓鳳梨完整沾裹焦糖。

3、加入水以溶化焦糖，待水分蒸發得差不多時，倒入蘭姆酒，在表面點火讓酒精揮發。

Risotto de Genmai germé, ananas caramélisé

composant 4

椰子奶泡
Émulsion coco

/ 材料　便於操作的分量

牛奶 ·························· 250g
椰子果泥 ····················· 100g
馬里布椰子蘭姆酒 ·········· 20g

/ 作法

1、鍋裡放入所有材料，加熱直到70°C左右。
2、以手持式均質機像是要打碎大型泡泡般的方式均質，然後暫停3秒鐘。重複這個動作2～3次，均質出細緻的泡沫。

2、
上方加上2片焦糖鳳梨。

3、
以手持式均質機再次均質椰子奶泡使其發泡。

4、
散放玄米香穀麥，把椰子奶泡奶淋在鳳梨上。表面灑上現磨檸檬皮。

組合・呈盤

/ 材料　裝飾用

牛奶 ································· 適量
現磨檸檬皮 ························ 一小撮

1、
觀察發芽玄米燉飯的質地，如果太硬的話，加點牛奶稀釋。取約60g放入呈盤用的器皿內。

黍米黑櫻桃烘餅
Galette de Kibi et cerises noires

顏色呈棕紅的紅高粱以及黃色的黍米，
是否能利用這兩種黍米做點什麼？於是構想出這甜點。
黍米，是貌似溫和沒有個性的食材，但隨著入口後的咀嚼卻愈顯風味。
為了與黍米富咬勁的口感相呼應，因此選擇了黑櫻桃做為搭配食材，
同時也適合用於溫熱的甜點之中。
顆粒分明的口感以及酸奶油的酸味則是亮點。

和風食材 6

黍米

きび　Kibi
Millet

Data

分類　【黃黍米】禾本科黍屬
　　　【紅黍米】禾本科高粱屬
採收時期　晚夏～秋

（黃黍米）

黍米分成「粳性米」與「糯性米」，市場上常見的多為糯性米。糯性米如其名，是帶有黏性的黍米，米粒小顆且顏色鮮黃，炊煮後口感香甜且富黏性。常用於萩餅（牡丹餅）中。

（紅高粱）

炊煮後外觀粒粒分明、口感彈牙有嚼勁，顆粒較大的紅褐色糯性黍米。又稱為「蜀黍」，英文名為Sorghum，中文名則為高粱。可用來替代絞肉。主要產地為岩手縣及東北一帶、長野縣等。

● 使用範例
煮熟後的黍米

使用煮熟黍米的3個範例

黍丸子　把煮熟的黍米放入搗缽裡搗碎後再捏成丸子。這也是童話故事桃太郎裡出現的「丸子」原形。

黍米脆餅　把煮熟的黍米捏成小塊後油炸，就會變成香氣十足的脆餅（P.38）。

黍米烘餅　把煮熟的黍米以擀麵棍推成薄片，再以平底鍋烘烤而成的烘餅（Galette）（P.37）。

--- AUTRE ---

（白高粱）

去除了造成黍米澀味的丹寧後，就是無味無臭的糯性黍米的白高粱。能夠種植於嚴苛環境下，又是無麩質的穀類，近年大受矚目。

● 使用範例
磨成粉狀就能替代普通麵粉而能被廣泛使用。口感輕爽酥脆。

用於**甜點**製作時的重點

搭配富有嚼勁的食材
黍米是富有黏性、口感彈牙的食材，用來搭配的材料也要選擇口感和它不相上下，富有嚼勁的為佳。例如櫻桃、李子、桃子、杏桃、鳳梨等。

可用於亞洲風味甜點
蒸煮過後的黍米可以直接做成小顆圓形的丸子，也可以做為越南甜湯（Chè）或台灣豆花的配料。

36　黍米黑櫻桃餅

composant 1

黍米烘餅
Galette au Kibi

/ 材料　直徑 8.5cm 的法式烘餅 6～8 片份

Ⓐ 黃黍米 ·············· 75g
　水 ····················· 150g
　鹽 ····················· 0.5g

Ⓑ 紅高粱 ·············· 75g
　水 ····················· 180g
　鹽 ····················· 0.5g
細砂糖 ·················· 適量
奶油 ····················· 適量

/ 作法

1　分別把A的黃黍米、B的紅高粱換水清洗2～3次，倒入密度較細的濾網內瀝去水分。倒入鍋內，分別加入對應分量的水，浸泡1小時。

2　分別在A、B裡加鹽，點火加熱。煮沸後轉極小火、加蓋，黃黍米煮17～18分鐘，紅高粱煮20分鐘。之後熄火，悶蒸約10分鐘。

3　趁熱倒在OPP保護膜上，把兩種黍米以雙手大致捏均混合。

4　取另一張OPP保護膜蓋在上方，然後以雙手下壓推平。到厚度與紅高粱顆粒相當後，再以擀麵棍推平。送入冰箱靜置冷藏20分鐘以上。

5　撕去上方的OPP保護膜，以直徑8.5cm的慕斯圈切出圓片（剩下材料可以做成「黍米脆餅（P.38）」）。接著在兩面灑上大量細砂糖。

6　呈盤前最後一刻才煎。在平底鍋內融化奶油後放入步驟5，兩面都輕煎至略為焦糖化。

composant 2

黑櫻桃果醬
Marmelade de cerises noires

/ 材料　8人份

黑櫻桃 ···················· 200g
檸檬汁 ···················· 6g
香草莢與香草籽 ········ 1/3根
Ⓐ 細砂糖 ················ 15g
　NH果膠粉 ············ 2g

/ 作法

1、黑櫻桃對半切開後去籽，然後切碎。混合好A備用。

2、鍋裡放入步驟1的黑櫻桃、檸檬汁、香草莢，點火加熱。煮沸後加入A再次沸騰，之後靜置冷卻。

Galette de *Kibi* et cerises noires

composant 3

黍米脆餅
Craquelins de Kibi

/ 材料　6～8人份

蒸煮後的黃黍米、紅高粱的剩餘部分
（「黍米烘餅」（P.37）
所剩餘的材料）…………… 適量
油炸用油（沙拉油）………… 適量
糖漿（波美度30°）…………… 適量

/ 作法

1　把蒸煮後的黃黍米及紅高粱的混合餅捏成小指頭大小（若時間充裕的話，先放置半天讓餅餡乾燥，水分蒸發過後油炸時比較不會噴濺）。

2　先將油炸用油加熱至180°C，放入步驟1油炸。

3　趁熱刷上一層糖漿後，放在鋪好烘焙紙的烤盤內。送入預熱至200°C的烤箱內烘烤1～2分鐘，讓糖漿的水分蒸發。出爐後置涼即可。

組合・呈盤

/ 材料　裝飾用

黑櫻桃 …………………… 1人份約8～9顆
酸奶油 ……………………………… 適量

1、
黑櫻桃對半切開去籽後備用。在呈盤用的盤子裡放上黍米烘餅，餅緣外側內縮約7mm處，均勻塗抹黑櫻桃果醬。

2、
在步驟1的上方，以放射狀擺放黑櫻桃，並在中心位置堆高。

3、
上面加1小球橢圓形的酸奶油，再散放上黍米脆餅。

毛豆格子鬆餅法式白奶酪冰沙
Gaufrettes à l'Edamame, sorbet au fromage blanc

在這道甜點裡,除了水煮毛豆外,
也運用了一般當成零嘴的冷凍乾燥毛豆,
可以當成配料灑在上方,或是磨成粉狀混入格子鬆餅的麵糊裡,用途相當廣泛。
毛豆即使經過加工處理,鮮綠的色澤仍然不會改變,
採取以顏色做為構思甜點的主軸也是一種好方法。

和風食材 7

毛豆

枝豆　Edamame
Soje vert

Data
分類　　　豆目豆科大豆屬
採收時期　7〜9月上旬
挑選方法　盡量挑選新鮮的產品。豆莢呈現鮮綠色，豆子大小平均。帶枝賣的毛豆較容易保存鮮度。
保存方法　由於毛豆很容易不新鮮，所以最好盡快水煮起來。裝入塑膠袋放入冰箱（蔬果箱）保存。

（ 茶豆 ）

特徵是豆莢上的毛略帶棕色，風味也較濃郁。也適合用於甜點之中。山形縣鶴岡市的特產「達達茶豆」相當有名。

冷凍成品也很方便
特別以鹽水煮熟後的冷凍成品，無論任何季節使用起來都很方便。有帶殼及去殼兩種。

（ 毛豆 ）

在大豆成熟前採收的成品。連著豆莢水煮後使用。把豆子磨碎後加入砂糖，然後跟麻糬混合拌勻，就是東北地方的名產毛豆麻糬。

● 使用範例
把水煮後的毛豆以研磨機攪拌成泥狀，就可以活用在慕斯、冰淇淋或醬汁內。

研磨機攪拌 　　毛豆格子鬆餅

毛豆泥（P.42）　毛豆醬（P.42）

（ 冷凍乾燥的毛豆 ）

鹽水煮熟後經過冷凍乾燥處理的成品。口感酥脆，可以直接食用。

● 使用範例
除了直接當成配料使用外，也可以用研磨機攪拌成粉末狀，混入餅乾等花式小點（petits-fours）的麵糊之中。

用於甜點製作時的重點

讓鮮綠色澤發揮功效
毛豆的優點之一就是即使加工處理過後，顏色也不太會劣化。如何運用其漂亮的綠色來完成一道甜點，是構想時不錯的切入點。

選用與毛豆味道不相衝突的食材
毛豆的味道其實出乎意料地滿有個性，可以選用檸檬或萊姆這類不干擾毛豆原味的食材來襯托毛豆的風味。

依據之後的使用方式來調整水煮硬度
水煮生毛豆時，若之後是使用整顆豆子的話可以煮得稍微偏硬；若之後是要攪打成泥狀的話就可以煮軟一點。

40　毛豆格子鬆餅法式白奶酪冰沙

composant 1

毛豆格子鬆餅
Gaufrettes à l'Edamame

/ 材料　直徑15cm的麵糊8片

全蛋 ………………………… 90g
糖粉 ………………………… 50g
Ⓐ 毛豆粉*1 ………………… 30g
　 低筋麵粉 ……………… 72g
　 泡打粉 ………………… 6g
融化奶油*2 ………………… 75g

/ 作法

1　糖粉過篩後備用。混合好A後，同樣過篩備用。

2　把全蛋在料理碗裡打散，加入糖粉，以打蛋器仔細混合。加入A，攪拌均勻。

3　加入融化奶油，仔細攪拌直到質地出現光澤感（乳化）。盡可能置於室溫下30分鐘左右，讓麵糊休息。

4　擠花袋裝上直徑10mm的圓形花嘴，裝入麵糊。在加熱後的格子鬆餅烤模上，刷上融化奶油（材料分量外），然後在中央處擠上約35g的麵糊，夾上烤模，兩面烘烤。

5　烤出焦脆色澤後即可取出，趁熱彎成直徑2cm的圓筒狀。直到即將擠入冰沙前的幾分鐘再放入冷凍庫降溫即可。

composant 2

法式白奶酪冰沙
Sorbet au fromage blanc

/ 材料　12人份

水 …………………………… 200g
蜂蜜 ………………………… 40g
Ⓐ 細砂糖 ………………… 80g
　 穩定劑 ………………… 2g
檸檬汁 ……………………… 48g
法式白奶酪 ………………… 300g

/ 作法

1、混合好A備用。
2、鍋裡放入水、蜂蜜，溫熱後再加入A，煮至沸騰。
3、把步驟2倒入料理盆裡，盆底浸泡冰水同時攪拌，散熱冷卻。加入檸檬汁、法式白奶酪。倒入冰淇淋機內並啟動。

Gaufrettes à l'Edamame, sorbet au fromage blanc

*1、以研磨機把冷凍乾燥的毛豆攪拌成粉末狀
*2、以微波爐加熱奶油至50℃後溶化的液體

composant 3

毛豆醬
Sauce d'Edamame

材料　10人份

- Ⓐ 牛奶 ································· 125g
   　 鮮奶油（乳脂含量35%）······ 40g
- 蛋黃 ···································· 13g
- 細砂糖 ································ 50g
- 毛豆泥（參考右記）············· 80g
- 鹽 ······································ 適量

作法

1. 鍋裡放入A後，加熱直到即將沸騰的狀態。
2. 料理盆裡放入蛋黃及細砂糖，混合均勻，倒入一半的A，攪拌均勻。再把料理盆裡的材料全部倒回鍋內，整體攪拌的同時加熱至83°C。 
3. 加入毛豆泥，以手持式均質機均質，直到質地柔滑均勻。 
4. 把步驟3過濾到另一個料理盆內。過濾的同時以矽膠刮勺下壓，能夠更完整地粹取到毛豆精華。以鹽調味，送入冰箱冷藏保存。 

毛豆泥
新鮮毛豆以鹽水煮熟，冷凍毛豆則先退冰解凍，從豆莢內取出豆子約150g，加入45g的水，放入研磨機或以手持式均質機均質至泥狀。

composant 4

糖晶毛豆
Edamame cristallisé

材料　6人份

- 冷凍乾燥毛豆 ···················· 30g
- Ⓐ 水 ·································· 10g
   　 細砂糖 ························· 30g

作法

1. 鍋裡放入A後點火加熱，以120°C煮至濃縮。

42　毛豆格子鬆餅法式白奶酪冰沙

2
熄火,加入冷凍乾燥毛豆,以矽膠刮勺快速不停地攪拌,讓毛豆外圍整體蓋上一層白色糖衣。

3
覆蓋均勻、毛豆粒粒分開不相黏後即可取出,置於烘焙紙上散熱冷卻。

組合・呈盤

/ 材料　裝飾用

檸檬果肉	適量
現磨檸檬皮	適量
毛豆粉*	適量

1、
擠花袋裝上直徑12mm花嘴,裝入法式白奶酪冰沙,擠入格子鬆餅中,再放入冷凍庫內。（1人份＝2根）

2、
檸檬果肉切成3～4等份。

3、
在呈盤用的器皿放上幾塊步驟2的檸檬,在上方放上步驟1。再依據呈盤的美感比例,加上幾塊檸檬果肉。

4、
在器皿上挑選3個位置滴上圓形的毛豆醬。

5、
在冰沙的正上方灑上現磨檸檬皮。

6、
依照器皿內的美感比例,放上10顆糖晶毛豆,最後灑上毛豆粉。

Gaufrettes à l'Edamame, sorbet au fromage blanc　　＊把冷凍乾燥毛豆以研磨機磨成的粉狀物　　43

番薯蘋果的「真薯」
SHINJO de Satsumaimo et pommes

日本料理的「真薯」,是以白肉魚及山藥來製作;
這道甜點採取了相同的手法。
以番薯和蘋果搭配做為基底,內餡改用檸檬醬,
蔥白絲則改以油炸番薯絲做為點綴。
視覺效果完全是日本料理,
實際上卻是一道甜點,充滿令人大感意外的效果。

和風食材 8

番薯

さつまいも　Satsumaimo
Patate douce

Data
分類　　　旋花科番薯屬
挑選方法　表皮緊緻、體型飽滿、紮實有分量感
保存方法　以報紙等紙類包覆好，存放於 10～15°C 的陰涼處。

(安納芋薯)

種子島的特有品種。長時間熬煮的話糖度甚至可到40度。由於它的糖分及水分都偏多，使用時食譜需要再調整。

(紅東薯)

以關東地區為中心所研發出來的品種，口感鬆軟適合做成烤番薯。肉身為淡黃色，纖維質不多。

● 使用範例
甜番薯（Sweet Potato）、冰淇淋、炸番薯條*等等，有許多甜點是以番薯做成的。

*日文原名「いもけんぴ」，是一種把番薯切成長條狀、以植物油油炸過後再灑上砂糖的和菓子。

(番薯乾)

番薯蒸熟後，切成容易入口的形狀再經過乾燥的商品。口感濕潤香甜。

● 使用範例
切成骰子狀的顆粒，混入磅蛋糕麵糊或拌入冰淇淋裡，都是享用番薯乾的好方法。

番薯蘋果的真薯　　番薯冰淇淋

用於**甜點**製作時的重點

事前調理時請用烤箱
番薯經過水煮或蒸煮後，都會因吸收了水分而味道變淡。以烤箱烘烤的話則能鎖住甜味，滋味更香濃。

黑糖是好伙伴
和番薯搭配用的糖類，建議選擇甜菜糖或黑糖，能夠加深風味的層次。

帶有酸度的水果也OK
番薯搭配微酸的蘋果效果很好。搭配葡萄乾這類果乾也不錯。

活用選擇豐富的加工品
番薯有許多加工後的半成品：麥片狀、粉狀、泥狀……種類繁多，可以好好選用。

快速變身成甜點
「烤番薯」的作法

1、番薯基本上是煮熟後才使用，做法建議先以鋁箔紙包好後再以烤箱烘烤。不僅能增加甜味，也能讓口感加分。至於烘烤時間，紅東薯是180°C烤1小時，安納芋薯則是180°C烤40分鐘。

2、烤好後剝去外皮，趁熱過篩成泥狀，或是切成1cm大小的骰子狀備用，之後都很方便。

3、保存時，裝入夾鏈袋內放冷凍庫即可。

SHINJO de Satsumaimo et pommes

45

composant 1

番薯蘋果的真薯
SHINJO de *Satsumaimo* et pomme

材料　6人份

番薯乾	60g
蘋果（紅玉）	80g
Ⓐ 過篩後的烤番薯泥（參考P.45）	150g
蛋白	30g
玉米粉	20g
鹽	2g
Ⓑ 蛋白	30g
細砂糖	40g

作法

1. 番薯乾切成5mm見方塊狀。蘋果去芯，帶皮切成5mm見方塊狀。

2. 混合好A，以手持式均質機均質成膏狀。

3. 料理碗裡裝入B，以打蛋器攪拌打發成液態狀的蛋白糖霜（滴落時能在碗底畫出線條的狀態）。如果過度打發，最後成品口感會像海綿蛋糕，請多加注意。

4. 把步驟2及步驟3混合在一起，再加入步驟1一起混合均勻。然後裝入擠花袋。

5. 在直徑約6cm、深度夠深的容器裡鋪上一層保鮮膜，然後擠入步驟4約70g左右。收緊袋口做成茶巾絞的形狀，袋口以橡皮筋綁緊。

6. 鍋裡煮沸熱水，放入步驟5煮15～20分鐘（或是以蒸籠蒸15～20分鐘）。以竹籤穿刺只要不沾附麵糊（或是輕觸感覺有彈性的話）表示完成。

composant 2

檸檬醬汁
Sauce au citron

材料　4人份

水	200g
葛粉（參考P.156）	20g
檸檬汁	15g
現磨檸檬皮	1/2顆
Ⓐ 細砂糖	20g
香草籽	1/3根份

作法

混合好A備用。鍋裡放入全部材料，煮沸。

composant 3

蘋果泥
Purée de pommes

/ 材料　4人份

蘋果（紅玉）⋯⋯⋯⋯⋯ 200g
細砂糖 ⋯⋯⋯⋯⋯⋯⋯⋯ 25g
抗氧化劑 ⋯⋯⋯⋯⋯⋯⋯ 5g

/ 作法

1、蘋果去皮去芯，切成5mm見方塊狀。
2、鍋裡放入全部材料，以小火煮至水分揮發濃縮。
3、以手持式均質機把步驟2均質成泥狀。之後直接置涼即可。

composant 4

番薯冰淇淋
Crème glacée au Satsumaimo

/ 材料　8人份

過篩後的烤番薯泥（參考P.145）140g
Ⓐ 牛奶 ⋯⋯⋯⋯⋯⋯⋯⋯ 180g
　 鮮奶油（乳脂含量35%）⋯⋯ 50g

Ⓑ 紅糖 ⋯⋯⋯⋯⋯⋯⋯⋯ 40g
　 穩定劑 ⋯⋯⋯⋯⋯⋯⋯ 5g

1　鍋裡放入A，加熱至體溫的溫度，然後倒入混合好的B，攪拌均勻。

2　把番薯泥和步驟1混合拌勻，再以手持式均質機均質。

3　倒入料理盆裡，盆底浸泡冰水同時攪拌，散熱冷卻。然後倒入冰淇淋機內並啟動。

composant 5

炸番薯
Frites de Satsumaimo

/ 材料　便於操作的分量

番薯 ⋯⋯⋯⋯⋯⋯⋯⋯ 適量
油炸用油 ⋯⋯⋯⋯⋯⋯ 適量

SHINJO de Satsumaimo et pommes

╱作法

1. 番薯帶皮以切片器刨成極薄的薄片，泡水5分鐘。之後瀝乾水分，再切成5cm左右長的細絲。

2. 把步驟1放入加熱至170℃的油炸用油裡，炸至略為上色。

組合・呈盤

╱材料　裝飾用

蘋果（帶皮切成極薄的半月形）………… 1人份3片
銀箔 ……………………………………………… 適量

1、
呈盤用器皿中央放上蘋果泥約20g，調整成圓形。在正上方略為偏開的位置，放上番薯蘋果的真薯。

2、
淋上檸檬醬汁約40g，在真薯上放炸番薯及裝飾用的蘋果，堆疊成豐富華麗的形態。再加上銀箔裝飾。

3、
小型的玻璃杯裡裝入炸番薯，再放入調整成橢圓形的番薯冰淇淋。搭配在步驟2的器皿旁。

#2

花·草本植物·香料
Fleurs, Herbes, Épices

櫻花草莓芭菲
Parfait au Sakura et fraises

自從知道使用木薯粉來製作瓦片,
可以完整呈現出櫻花美麗的顏色之後,就一直很想試做看看。
選用絕佳搭配的草莓,
再以使用了櫻花葉而呈現鮮綠色的芭菲,襯托在顯眼的位置。
用上了花朵及葉子,整朵櫻花的美味盡收舌尖。

和風食材 9

櫻花

桜　Sakura
Cerisier à fleur

Data
分類　　薔薇科李屬櫻亞屬
主要產地　【花】神奈川縣小田原卜中土、秦野市
　　　　　【葉】靜岡縣松崎町

（ 鹽漬櫻花 ）

以鹽及梅子醋所醃漬的八重櫻。宴席時常見做成櫻花茶湯，還有櫻花餅、櫻花紅豆麵包，以及做為飯糰上的點綴佐料等。

● 使用範例
可以混合在花式小點或果醬裡，也能當成點綴配料使用。

櫻花瓦片

櫻花果醬

（ 鹽漬櫻花葉 ）

大島櫻以木桶鹽漬後的成品。用於製作櫻餅或櫻葉蒸魚時。希望顏色呈鮮綠色時，可使用右側的淺漬葉。

● 使用範例
和糖漿等水分混合後，以研磨機打成膏狀，就可以加在麵糊裡使用。也可以把李子以櫻花葉包裹起來後再油炸成貝涅餅。

櫻花葉芭菲

去鹽漬的方法

・葉子

1　鹽漬過的葉子以清水洗過。

2　葉子縱向對半撕開，摘掉中央的粗葉脈。

3　大碗裡放入水及葉子，浸泡約1小時以去除鹽漬。視需要的鹹度而定，可以換水繼續浸泡。

・花

1　把櫻花裝入網目較細的濾網裡，直接浸在水中清洗。需換水數次清洗，直到花上的鹽粒都乾淨為止。

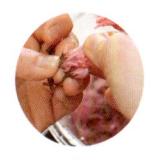

2　捏住花萼把花瓣向上輕輕拉起，與花萼分離（除去花萼能提升口感與清爽度）。

3　浸泡水中約1小時以清除鹽漬。視需要的鹹度而定，可以換水繼續浸泡。

用於甜點製作時的重點

需要適度的鹹味
如果去鹽漬的時間過長，鹹度自然會變淡。為了讓甜點中的甜味能被襯托出來，適度的鹹味還是需要的。

櫻花和草莓、柑橘類都很搭
櫻花的最佳拍檔除了草莓、黑櫻桃外，與柑橘類及乳製品、椰奶類也很合。

葉子可視為香草的一種
可把櫻花葉視為香料香草的一種來運用。可以參考一般料理食譜中羅勒或青醬（把羅勒打成抹醬狀）的使用方法。

Parfait au Sakura et fraises

composant 1

櫻花葉芭菲
Parfait aux feuilles de Sakura

/ 材料　直徑 6.5cm x 高 1.5cm的慕斯圈10個份

英式奶蛋醬
- Ⓐ 蛋黃 ………………………………… 72g
- 　 細砂糖 ……………………………… 42g
- 牛奶 …………………………………… 200g
- 櫻花葉（淺漬・去鹽漬且除去葉脈後的成品〔參考P.51〕） ……………………… 24g
- 櫻桃利口酒 …………………………… 10g
- 鮮奶油（乳脂含量35%）…………… 250g

/ 作法

1　製作英式奶蛋醬。在料理碗裡放入A後，攪拌均勻，然後倒入以鍋子溫熱後的牛奶，混合拌勻。之後全部倒回鍋內，整鍋加熱至83℃。

2　把步驟1過濾進大碗裡，碗底浸泡冰水同時攪拌，直到散熱成室溫的狀態。

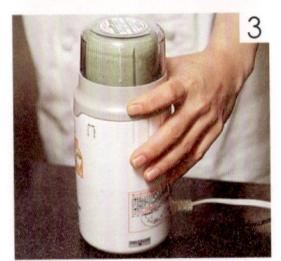

3　電動研磨機裡放入切碎的櫻花葉、部分的英式奶蛋醬，攪拌到葉子成極細碎的狀態。

4　把步驟3倒入大碗裡，加入剩餘英式奶蛋醬、櫻桃利口酒，再次讓碗底浸泡冰水，同時攪拌直到完全冷卻為止。

5　打發鮮奶油至八分發，倒入步驟4內，混合拌勻。

6　把慕斯圈排列於托盤內，再把步驟5裝入擠花袋裡，然後擠入慕斯圈。蓋上OPP保護膜，整平表面，送入冷凍庫冰凍定形。

composant 2

椰子沙布列
Sablés à la noix de coco

/ 材料　直徑 8cm 的圓形 8個份

- 奶油 …………………………………… 90g
- Ⓐ 出爐後的甜塔皮（參考P.53）…… 112g
- 　 椰子粉 ……………………………… 38g
- 　 細砂糖 ……………………………… 23g
- 　 鹽 …………………………………… 2g

/ 作法

1、奶油置於室溫下退冰。

2、電動攪拌機裡放入A，攪拌直到甜塔皮的質地變得細碎為止。加入步驟1，繼續攪拌，直到整體變成抹醬狀。
3、以2張烘焙紙上下夾住步驟2，用擀麵棍推成3mm厚，然後以直徑8cm的慕斯圈切成圓片。
4、放入已鋪好烘焙紙的烤盤內，送入預熱至160°C的烤箱烘烤約15分鐘。

甜塔皮
Pâte sucrée

/ 材料　便於操作的分量

奶油	60g
糖粉	38g
鹽	0.5g
全蛋	23g
Ⓐ 杏仁粉	12g
低筋麵粉	100g

/ 作法

1、奶油置於室溫下退冰。混合好A，過篩後備用。
2、料理盆裡放入奶油，攪拌成乳霜狀，再依序加入糖粉、A，每加入一樣材料都要用刮板攪拌均勻，最後集中成麵糊。
3、以擀麵棍推開成2mm厚度，放上已鋪好烘焙紙的烤盤內。送入預熱至160°C的烤箱烘烤20～25分鐘。

composant 3

草莓果醬
Marmelade de fraises

/ 材料　10人份

草莓	200g
檸檬汁	20g
Ⓐ 細砂糖	20g
NH果膠粉	4g

/ 作法

1、草莓去蒂頭，切成4等份。混合好A備用。
2、鍋裡放入草莓、檸檬汁，加熱的同時偶爾攪拌一下，直到草莓煮軟且碎開。
3、以手持式均質機均質鍋內的同時，加入A，最後再煮至有光澤感即可。

composant 4

櫻花瓦片
Tuiles aux fleurs de *Sakura*

/ 材料　15～16人份

Ⓐ 椰子果泥	60g
水	16g
櫻桃利口酒	4g
食用色素（紅）	極少量
Ⓑ 木薯粉*	4g
水	24g
櫻花（去鹽漬、去花萼後的成品［參考P.51］）	實際重量14g

/ 作法

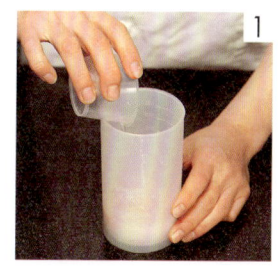

1　A放入手持式均質機用的容器內。

Parfait au Sakura et fraises

*木薯粉是粉圓的原料，也就是樹薯的澱粉粉末。類似太白粉及玉米粉，黏性很強為其特徵。

2　耐熱容器裡放入B，仔細拌勻。以微波爐600W加熱10～15秒，取出後以矽膠刮勺混合拌勻。重複以上步驟數次，直到碗內的質地開始產生彈性為止。

3　把步驟2倒入步驟1內，以手持式均質機均質。最後加入櫻花花瓣，持續均質直到花瓣碎片還些許可見的程度。

4　在鋪好烘焙紙的烤盤上，以湯匙放入約5cm大小的圓形，再以抹刀盡量推平推薄成直徑約10cm的圓形。送入預熱至80°C的烤箱內，烤乾約3小時。

5　出爐後趁熱一口氣拗成弧形，之後直接置涼冷卻。

composant 5

櫻花果醬
Confiture de fleurs de Sakura

/ 材料　便於操作的分量

Ⓐ 水 ························· 100g
　 細砂糖 ····················· 125g
　 檸檬汁 ······················ 25g

Ⓑ 細砂糖 ······················ 10g
　 NH果膠粉 ··················· 1.5g
櫻花利口酒 ···················· 18g
櫻花花瓣（去鹽漬去花萼後的成品
　［參考P.51］）················ 85g

/ 作法

1、混合好B備用。
2、鍋裡放入A後煮沸。加入B混合均勻，繼續煮至喜好的濃稠度*。
3、散熱至不燙手的程度後，加入櫻花利口酒、櫻花花瓣。繼續放涼。

*如果想知道之後冷卻下來的確實濃稠程度，可以在一碗冰水上放金屬托盤，在托盤淋上少許果醬急速冷卻後，即可分辨。

組合・呈盤

/ 材料　裝飾用

草莓 ………………………… 1人份約3顆
櫻花（去鹽漬後）………………………… 少許

1、
切去草莓蒂頭，取2顆半切成4等份，剩下的對半切開。櫻花則是連著花萼以廚房紙巾上下夾好後，以手掌壓平。

2、
草莓果醬裝入擠花袋內，擠入少許在呈盤用的器皿中央位置。

3、
以2cm的慕斯圈切除櫻花葉芭菲的中心，然後用雙手溫熱外圍的慕斯圈，以利脫模。

4、
在椰子沙布列的上方放上步驟3，芭菲中央的空洞處擠滿草莓果醬。

5、
在芭菲的邊緣擺放切成4等份的草莓，中間則放上對半切的草莓。

6、
把步驟5放在步驟2上，頂端加上瓦片，再用步驟1的櫻花裝飾。

7、
櫻花果醬裝入邊緣有壺嘴的小巧玻璃杯內，搭配在步驟6旁。

Parfait au Sakura et fraises

主軸的酥炸菊花就像是炸牡蠣般,配上乳酪奶餡及沾醬,最後點綴上花瓣。
血橙無論是味道或色澤,跟黃色的菊花都是最佳拍檔。

和風食材 10

菊花

菊　Kiku
Chrysanthème comestible

Data
分類　　　菊科菊屬
挑選方法　山形縣、青森縣、新潟縣
採收時期　9～11月（刺身用的小菜用的黃菊則為全年）

（食用菊）

香氣與苦味都較強的觀賞用菊花，經過品種改良後成為容易入口的產品。種類有黃色的「阿房宮」，紫紅色的「延命樂」等。

● 使用範例

鮮花可當裝飾
花瓣散開後，能夠妝點出華麗的視覺效果。當然也能直接食用。

以菊花裝飾

新鮮花瓣拌入菜
把切碎的菊花和奶餡混合，口感會出現更多層次。也可以和喜好的水果、橄欖油、鹽、胡椒、水果醋一起拌成水果沙拉。

菊花血橙乳酪奶餡（P.58）

新鮮花瓣做成醬汁
把菊花跟糖漿類混合後，以研磨機攪拌成菊花醬汁。口味相當華麗。

菊花醬汁（P.60）

炸菊花
像炸牡蠣一樣，裹上麵衣後酥炸也相當美味。香酥的口感令人上癮。

酥炸菊花（P.58）

去除花萼、散開花瓣
去除了帶有苦味的花萼，再把花瓣撥散後使用。只要捏住花瓣再向上拉開，就能輕鬆地散開。

乾燥菊花
日本東北地區有製作供長期保存用的食用乾燥菊花，以水泡開就能使用。也可以自行製作，只要把散開的菊花花瓣以烤箱50℃烘烤2～3小時即可。

用於甜點製作時的重點

以花香來點綴
食用菊是花的一種。和玫瑰一樣，有著雍容華貴的香氣。在設計甜點時，要往不破壞花香的方向去構思。

強調美麗的外觀
食用菊的用法跟食用花（Edible Flower）一樣，但也可當成「裝飾花」來使用。加入果凍當中就很漂亮。思索甜點的結構時，別忘了把配色也一併考量。

活用味覺的相乘效果
食用菊的酸味及苦味都很好發揮。例如，跟同樣帶有苦味及酸味的食材搭配（在這裡用的是血橙），加些鹽就能調和酸味。

Frites de Kiku, sorbet à l'orange sanguine

*1、Ohidashi，蔬菜類川燙過後淋上醬油的料理方法。
*2、Shiraae，將豆腐、白芝麻、白味噌磨碎後調味，和蒟蒻或蔬菜混合的料理方法。

57

composant 1

酥炸菊花
Frites de Kiku

/ 材料　6～7人份
（直徑 6.5cm 的慕斯圈 12～14 片份）

食用菊	大4朵
低筋麵粉	適量
A 全蛋	20g
細砂糖	2g
鹽	1g
水	60g
B 低筋麵粉	30g
太白粉	10g
油炸用油（沙拉油）	適量

/ 作法

1. 料理盆裡放入A後，以打蛋器打散拌勻。加入混合好過篩的B，以筷子簡單拌勻。

2. 食用菊去除花萼取花瓣，置於另一個碗內後灑上一層薄薄的麵粉。慢慢把步驟1倒進來，讓花瓣沾覆一層極薄的麵衣。

3. 在油炸鍋內放入慕斯圈，接著倒入沙拉油，約比慕斯圈低1cm左右的份量。開火加熱至150～160°C，放入步驟2，一邊油炸的同時以筷子調整防止花瓣從慕斯圈中掉出來。

4. 取出慕斯圈，翻面後繼續炸至酥脆，之後瀝乾油分。

composant 2

菊花血橙乳酪奶餡
Crème au fromage Kiku / orange sanguine

/ 材料　便於操作的分量

食用菊	15g
奶油乳酪	100g
鮮奶油（乳脂含量35%）	200g
血橙果醬（參考P.59）	80g

/ 作法

1. 大碗裡放入奶油乳酪，置於室溫下退冰。食用菊去除花萼後，花瓣大致切碎。

2 另取一個大碗，將鮮奶油打發成七分發，加入奶油乳酪的碗內，再以打蛋器混合均勻成喜好的硬度。

3 把血橙果醬加入步驟2內混合拌勻，再加入菊花，略為拌勻。

composant 3

血橙雪酪
Sorbet à l'orange sanguine

/ 材料　6人份

A 水 ························· 100g
　現磨血橙皮 ················· 5g

B 細砂糖 ····················· 25g
　穩定劑 ······················ 2g
血橙果汁 ···················· 210g
檸檬汁 ······················· 10g

/ 作法

1、混合好B備用。
2、鍋裡放入A加熱，再加入B後煮至沸騰。倒入料理盆內，盆底浸泡冰水同時攪拌降溫直到冷卻。
3、加入血橙果汁、檸檬汁，以手持式均質機均質。然後倒入冰淇淋機內並啟動。

血橙果醬
Marmelade d'oranges sanguines

/ 材料　15人份

A 血橙 ······················· 75g
　血橙果肉片 ················ 250g
　細砂糖 ····················· 38g
　檸檬汁 ····················· 38g

B 細砂糖 ····················· 10g
　NH果膠粉 ···················· 3g

/ 作法

1、A的血橙整顆以熱水汆燙過，再切成5mm的小塊狀。
2、鍋裡放入步驟1、剩下A的其他材料，加熱煮至水分差不多快乾掉的狀態。
3、仔細混合好B，倒入步驟2內。煮至沸騰，直接置涼冷卻

Frites de Kiku, sorbet à l'orange sanguine

composant 4

菊花醬汁
Sauce au Kiku

/ 材料　便於操作的分量

食用菊	36g
糖漿（細砂糖：水＝1:1的比例，煮沸後冷卻的成品）	70g
鹽	0.2g
檸檬汁	10g
血橙果汁	10g

/ 作法

1、食用菊去除花萼後倒入研磨機內，加入其他所有材料，攪拌均勻。

2、倒入濾網內，以矽膠刮勺下壓過濾。

組合・呈盤

/ 材料　裝飾用

食用菊	適量
血橙果瓣	適量

1、血橙果瓣對半切開。

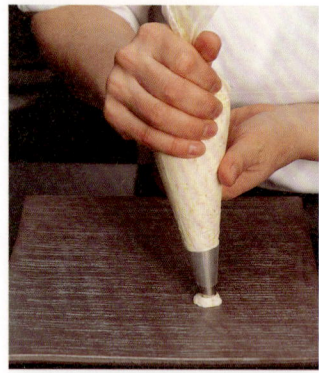

2、擠花袋裝上10mm圓形花嘴，裝入菊花血橙乳酪奶餡。在呈盤用的器皿左上方擠出一個小點，做為固定酥炸菊花的底座。

3、在步驟2上方放上酥炸菊花。在菊花上面，擠上菊花血橙乳酪奶餡，形狀為中空的圓形。

4、
在步驟3的奶餡的中心位置，放上步驟1的血橙約3塊。

5、
在步驟4的上方，再加一片酥炸菊花。然後灑上菊花花瓣。

6、
器皿右下方放上一點血橙果醬，然後在中間空白位置找2〜3個點，以湯匙點放菊花醬汁呈圓形。

7、
在果醬上方加上一球橢圓形的血橙雪酪。

Frites de Kiku, sorbet à l'orange sanguine

艾草布丁黑糖冰淇淋
Crème au Yomogi, glace au sucre de canne brun

思索著該用什麼食材才能拉提出艾草獨特的香氣及苦味，
於是挑選了氣味強度能與艾草匹敵的黑糖來搭配。
以鮮奶油來拉攏兩種食材，取得平衡。
布丁感覺上是很日式風格的點心，但在這裡口感會更接近麻糬。
呈盤設計的靈感則取自日本的枯山水庭園。

和風食材 11

艾草

よもぎ　Yomogi
Armoise japonaise

Data
分類　　　菊科蒿屬
主要產地　全日本各地的原野或河川的堤防邊野生
採收時期　3～5月

（艾草）

眾所皆知，艾草是草餅或草丸子的主要材料，香氣獨特，從以前便也做為藥材，主要用來治療腹痛及止血之用。主要取其嫩芽或嫩葉，經過水煮或油炸等加熱烹調就能去除苦味。全日本各地皆有野生艾草。

（艾草粉）

粉末狀的艾草使用起來更方便。可以直接混入其他粉類或液體內，製作和菓子時可以熱水泡開，再揉入麻糬內。

● 使用範例
加入布丁或沙布列的麵糊裡，就能吃得到艾草香味。使用方法就跟抹茶一樣。

艾草布丁 　　艾草沙布列

● 使用範例
水煮後的艾草切碎，和糖漿攪拌成膏狀。可以混入麵糊裡，或是過濾後當成醬汁使用。

用於甜點製作時的重點

當成香草來使用
可以把艾草看成是香草的一種。它獨特的苦澀或草味，可以做為主要味覺而被好好運用。

選用能和其獨特風味匹敵的食材
由於艾草的香氣及苦味相當特別，用來搭配它的食材最好是像黑糖這類氣味同樣強烈的食材。

要注意苦味及豐富的食物纖維
新鮮的艾草很苦，務必水煮過後再使用。此外，水煮過後最好「先切細」，再跟糖漿一起以研磨機或食物調理機攪拌過。否則因為食物纖維過多，之後會不容易混合或攪拌。

Crème au Yomogi, glace au sucre de canne brun

63

composant 1

艾草布丁
Crème au Yomogi

材料　直徑7cm X高1cm的圓形矽膠模型8個份

牛奶 …………………………………… 400g
艾草粉（參考P.63） ………………… 6g
Ⓐ 細砂糖 ……………………………… 60g
　Inageru露草* ……………………… 50g

Ⓑ 蛋黃 ………………………………… 30g
　鮮奶油（乳脂含量35%） ………… 40g

作法

1. 分別把A、B混合好備用。矽膠模型先放在烤盤或大一點的料理鋼盤裡。

2. 混合牛奶及艾草粉，以手持式均質機大致均質一下。

3. 步驟2倒入鍋內，加熱至體溫程度，倒入A後仔細拌勻。煮至沸騰後轉小火，之後持續以刮勺攪拌1～2分鐘，防止煮焦。

4. 產生黏性後即可熄火，趁熱加入B後仔細混合均勻。立刻倒進模型內，從高度約5cm的位置分成約10次填滿模型，藉以排除空氣。

5. 以抹刀整平表面，同時去除多餘的餡料。送入冰箱冷藏固定。

composant 2

黑糖冰淇淋
Crème glacée au sucre de canne brun

材料　20人份

Ⓐ 牛奶 ……………………………… 300g
　鮮奶油（乳脂含量35%） ……… 200g
　奶油 ……………………………… 75g
蛋黃 ………………………………… 150g
黑糖（粉末） ……………………… 125g
法式酸奶油（crème èpaisse）‥ 80g

*由伊那食品有限公司販售，以葛粉或寒天做成的速成涼圓原料。

／作法

1　鍋裡放入A混合均勻，加熱直到即將沸騰的狀態。

2　大碗裡放入蛋黃、黑糖，打散後加入步驟1，整體拌勻後再倒回鍋內，攪拌的同時加熱至83℃。

3　把步驟2過濾進料理盆裡，盆底浸泡冰水，同時攪拌直到冷卻。

4　加入法式酸奶油後，以手持式均質機均質後，倒入冰淇淋機內並啟動。

composant 3

香緹鮮奶油
Crème Chantilly

／材料　10人份

鮮奶油（乳脂含量35%）‥‥200g
細砂糖‥‥‥‥‥‥‥‥‥‥12g

／作法

1、料理盆裡放入鮮奶油及細砂糖，打發至八分發。

composant 4

艾草醬
Sauce de Yomogi

／材料　8人份

艾草‥‥‥‥‥‥‥‥‥‥‥‥‥40g
糖漿（細砂糖：水＝1:1的比例，
煮沸後冷卻的成品）‥‥‥‥‥65g
鹽‥‥‥‥‥‥‥‥‥‥‥‥‥‥0.5g

Crème au Yomogi, glace au sucre de canne brun

/ 作法

1 洗淨艾草,快速汆燙一下後瀝去水分。摘下葉子去除根莖,置於廚房紙巾上吸去多餘水分。

2 把步驟1、糖漿、鹽放入研磨機或食物處理機內,仔細攪拌。

3 倒入濾網內,以矽膠刮勺下壓取出醬汁精華。

2、從模型中取出艾草布丁,放在步驟1空白的位置。

3、視器皿的平衡感,在盤內空白處點上3個圓點艾草醬。

4、擠花袋裝上10mm的圓形花嘴,裝入發泡鮮奶油備用。在艾草布丁上放一小球橢圓形的黑糖冰淇淋,選3處擠上發泡鮮奶油。

5、以艾草葉做裝飾。

組合・呈盤

/ 材料　裝飾用

黑糖（粉末）……………………………… 125g
艾草葉 ……………………………………… 適量

1、在呈盤用的器皿上,以黑糖畫線。先確定艾草布丁的擺放位置後,線的中間留一段空白。

66　艾草布丁黑糖冰淇淋

紅紫蘇馬卡龍與紅紫蘇糖燉桃
Macarons au Shiso rouge, pêches pochées

紅紫蘇汁是液體,能活用於許多地方,相當方便。
最先想到的,是利用它鮮明的粉紅色做成果凍。
之後延伸到糖燉水果或雪酪、鹽味紅紫蘇奶油霜,
再搭配調性合拍的桃子及粉紅香檳,完成這道粉紅色的甜點。

和風食材 12

紅紫蘇

赤紫蘇　Shiso rouge
Péille rouge

Data
分類　　　唇形科紫蘇屬
採收時期　6～7月中旬
挑選方法　葉片邊緣細密捲縮、葉片顏色整體深濃。

（ 紅紫蘇 ）

較知名的為綠色的青紫蘇，但若講「紫蘇」的話，其實是指紅紫蘇（青紫蘇是紅紫蘇的變種）。用於梅子染色的紅紫蘇，多見於初夏～夏季。新鮮的葉片苦味較重，以鹽搓揉能夠去除苦味，可以做成果汁，或是裹上麵衣油炸也很美味。

● 使用範例

取汁用於果凍或糖燉水果

紅紫蘇裡含有的花青素遇上酸性的檸檬汁會產生化學反應，變成粉紅色的果汁。可用於果凍或糖燉水果。

紅紫蘇凍

紅紫蘇汁

紅紫蘇汁糖燉桃

揉鹽脫水後和奶油混合

原本用於醃漬梅乾時的揉鹽脫水紅紫蘇，切碎後與奶油霜混合或加入花式小點的麵糊裡。由於味道很鹹，請酌量使用。

揉鹽脫水後的紅紫蘇

紅紫蘇奶油霜

葉片烤乾後變成脆薄片

把紅紫蘇攤平在烤盤內，以烤箱70°C烘烤3小時後，就會變成像薯片般的脆薄片。可用於呈盤時的裝飾。

用於甜點製作時的重點

可試著搭配薔薇科水果

紅紫蘇是香草的一種。與其搭配起來相當協調的有桃子、李子或草莓這類薔薇科的水果，以及葡萄。在初夏～夏季期間是許多薔薇科水果的盛產時節，不妨多加嘗試。

組合時的粉紅視覺效果

紅紫蘇加熱後的果汁，最大特色就是鮮明的粉紅色。可以抓住這個顏色做為重點，來思考整體甜點的結構。

紅紫蘇馬卡龍與紅紫蘇糖燉桃

composant 1

事前準備製作
紅紫蘇汁
Jus de Shiso rouge

/ 材料　便於操作的分量

紅紫蘇葉	50g
Ⓐ 水	500g
檸檬汁	20g
細砂糖	50g
維他命C粉	1g

/ 作法

1. 清洗數次紅紫蘇葉，去除髒污後，瀝去水分。

2. 鍋裡放入A後煮沸，加入紅紫蘇，持續煮2～3分鐘直到鍋內的水變成粉紅色。

3. 倒入濾網過濾，以矽膠刮勺下壓藉以取出紅紫蘇的精華。

composant 2

紅紫蘇凍
Gelée de Shiso rouge

/ 材料　3人份

紅紫蘇汁（參考左記）	250g
Ⓐ 細砂糖	15g
洋菜粉	3g

/ 作法

1. 鍋裡倒入紅紫蘇汁，溫熱至60°C。加入混合好的A，以矽膠刮勺一邊攪拌的同時煮至沸騰。

2. 倒入大碗裡，散熱後送入冰箱冷藏固定。

Macarons au Shiso rouge, pêches pochées

composant 3

紅紫蘇糖燉桃
Pêches pochées au Shiso rouge

材料 12人份

桃子 ………………… 3顆
紅紫蘇汁（參考P.69）…… 250g

作法

1. 桃子外皮畫上十字切口。放入煮沸的熱水中快速汆燙一下，外皮掀起後即可撈起放入冰水中，剝去外皮。

2. 刀子將步驟1對半切開，去除果核後切成8等份。

3. 把步驟2放入料理盆裡，倒入溫熱至約90℃的紅紫蘇汁。以保鮮膜加蓋（緊貼表面），偶爾把桃子翻面一下，就這樣靜置1小時。之後送入冰箱冷藏*。

composant 4

紅紫蘇粉紅香檳雪酪
Sorbet au Shiso rouge / champagne rosé

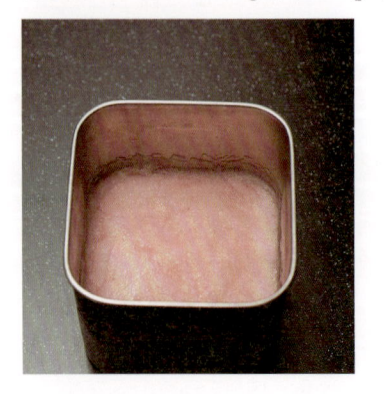

材料 6人份

A 水 ………………… 100g
　 麥芽糖 …………… 15g

B 細砂糖 …………… 30g
　 穩定劑 …………… 2g
檸檬汁 …………… 12g
紅紫蘇汁（參考P.69）…… 30g
粉紅香檳 ………… 200g

作法

1. 鍋裡放入A後加熱，再加入混合好的B，煮至沸騰。

2. 把步驟1倒入大碗裡，碗底浸泡冰水，同時攪拌直到冷卻。依序加入檸檬汁、紅紫蘇汁，每倒入一樣材料後都均勻混合。

3. 最後把粉紅香檳沿著碗邊慢慢倒進來，同時緩緩地拌勻。倒入冰淇淋機內並啟動。

*剩餘的漬汁，可以加熱濃縮煮成醬汁，或是做成果凍。

composant 5

紅紫蘇馬卡龍
Macarons au Shiso rouge

1 馬卡龍麵糊
Pâte à macarons

材料　30〜35顆份

A 杏仁粉 ………………… 125g
　　糖粉 …………………… 125g
　　蛋白 …………………… 45g

B 蛋白 …………………… 50g

糖漿
　　細砂糖 ………………… 125g
　　水 ……………………… 30g
　　食用色素（紅）……… 少許

作法

1、A在前一天先混合好，過篩備用。
2、在料理盆裡放入A，倒入蛋白，以刮刀仔細攪拌，最後變成膏狀。
3、製作義式蛋白糖霜。在電動攪拌機的鋼盆裡放入B的蛋白，打發至完全發泡的固體蛋白霜。小鍋裡放入糖漿的材料後加熱至118℃，打發蛋白的同時慢慢倒入糖漿。持續攪拌打發，散熱至不燙手的程度後降低機器的打發速度，加入食用色素，攪拌均勻。
4、分數次取少許步驟3的義大利蛋白糖霜加入步驟2之中，每次加入蛋白糖霜後都要拌勻，直到全部加完。
5、以刮刀向盆邊攪拌糖霜，以破壞氣泡（此過程稱為macaronage）。直到糖霜變軟、撈起時會緩緩向下流動的狀態即可。
6、擠花袋裝上10mm的圓形花嘴後，把步驟5裝入擠花袋內。在鋪好烘焙紙的烤盤上，擠出直徑3cm的圓頂形蛋白糖霜。
7、略為抬起烤盤再向下輕敲，以去除擠完糖霜頂端留下的尖角。靜置30分鐘，直到以手指輕觸表面不會沾取任何糖霜、表面乾燥為止。
8、送入預熱至140℃的烤箱烘烤約8分鐘。中途取出烤盤前後調換方向。烤好出爐後，直接在烤盤上散熱置涼即可。

2 紅紫蘇奶油霜
Crème au beurre Shiso rouge

材料　3人份

紅紫蘇（揉鹽脫水）
　　紅紫蘇葉 ……………… 70g
　　鹽 ……………………… 20g

奶油霜
　　奶油（室溫）………… 135g
　　全蛋 …………………… 45g
　　水 ……………………… 30g
　　細砂糖 ………………… 90g

作法

1、製作揉鹽脫水的紅紫蘇。紅紫蘇葉洗淨後瀝去水分。戴上手套以防止手指被染紅，把紅紫蘇、一半分量的鹽放入料理盆內後搓揉，用力擰出汁液。然後倒入剩下的鹽，再次搓揉，用力擰出汁液。

Macarons au Shiso rouge, pêches pochées

2　製作奶油霜。料理盆裡放入全蛋、水，以打蛋器混合拌勻，再加入細砂糖。盆底浸泡熱水，同時以打蛋器持續攪拌，直到加熱至75℃。

3　離開熱水，以手持式電動攪拌機繼續攪拌，直到溫度降至30℃左右。把室溫軟化的奶油分成3～4次加入，同時以電動攪拌機混合拌勻。

4　把揉鹽脫水後的紅紫蘇切成碎片，視味道拿捏約莫10g加入奶油霜內，混合均勻。

3　完工　Finition

/ 作法

1　把奶油醬裝入附上圓形花嘴的擠花袋內，擠在馬卡龍上，再以另一片馬卡龍加蓋。送入冰箱冷藏約30分鐘冷卻。

組合・呈盤

/ 材料　裝飾用

紅紫蘇葉 ………………………… 適量

1、把糖燉桃燉放在廚房紙巾上吸取多餘水分。在呈盤用器皿的右前方，擠上少許馬卡龍糖霜，做為固定止滑用。

2、在高度12cm的甜點杯裡，裝入以叉子搗碎的紅紫蘇凍約半杯高度。再放入2片漬桃子，並撕一小片紅紫蘇葉做為裝飾。酒杯放在器皿左上方。

3、器皿前方，側立放一顆紅紫蘇馬卡龍。在固定止滑的馬卡龍糖霜上，放一球橢圓形的紅紫蘇粉紅香檳雪酪。

山椒芒果盤優格雪酪
Assiette de Sansho et mangue, sorbet au yaourt

山椒的果實、粉末、樹芽，這三個階段我們都能享用。
這之中又以有著強烈風味的新鮮山椒果實最吸引人，
引起我用它來製作甜點的欲望。
該如何活用山椒果實清爽的柑橘系香氣、
又該如何調整它充滿刺激的辛辣風味，將是這道甜點的重點。

和風食材 13

山椒

山椒　Sansho
Poivre japonais

Data
分類　　　芸香科花椒屬
主要產地　和歌山縣
產季　　　樹芽為 4～5 月，山椒果實為初夏，山椒粉為秋天。

（ 山椒果實 ）

僅出現於初夏的短暫時期，新鮮的山椒果實十分珍貴。這是日本本土出產的香料，同時擁有柑橘類的清爽以及刺激辛辣的雙重風味。

事先處理

事先處理
先經過水煮後才使用
山椒果實要先經過水煮後才能使用。從樹枝上取下果實，沸水煮 2～3 分鐘，再以冷水沖涼。保存時先瀝去水分，裝入密封袋後冷凍保存。

糖漬山椒果實

● 使用範例
可做成糖漬山椒，或跟水果一起煮成果醬以增添香料氣味，也可以和鮮奶油等液態材料一起煮成甘納許，做成巧克力夾心糖。

山椒果實芒果果醬

（ 山椒粉 ）

用成熟的山椒果實磨成的山椒粉為黑色粉末，而甜點材料所使用的則建議是以尚未成熟的青山椒乾燥後所磨成的粉末。柑橘類的清爽香氣十分明顯。

● 使用範例
取其柑橘香氣，就像使用現磨檸檬皮的感覺，用於菸捲餅乾或瑪德蓮等的麵糊裡，來增加麵糊本身的香氣。

山椒粉菸捲餅乾

（ 樹芽 ）

山椒樹的嫩芽或嫩葉。有柑橘系的香氣，又有略微的辛辣。4～5 月是產季。用於日本料理中的小菜，或是切碎後做成樹芽味噌。

● 使用範例
可以當成香草來使用。也可以和柑橘類的水果或奶油乳酪混合後，以春捲皮捲起後油炸。

用於**甜點製作**時的重點

活用山椒果實的獨特魅力
有如綠色柑橘類的香氣以及辛辣，是新鮮山椒果實獨有的魅力。可以思考何種結構的甜點才能讓這分魅力做出最好的發揮。搭配同為柑橘系的水果相當對味。

取得辛辣的平衡
山椒果實的辛辣味明顯，可以用檸檬汁或醋這類酸味來中和。如果這麼做後成品仍然過辣，呈盤時可以稍微去除一些果實，讓辛辣氣味平衡些。

74　山椒芒果盤優格雪酪

composant 1

山椒果實芒果果醬
Marmelade de baise de Sansho / mangue

/ 材料　8人份

芒果	重320g
Ⓐ 山椒果實（事先水煮過的成品［參考P.74］）	10g
蘋果醋	20g
香草膏（Vanilla Beans Paste）	1g
Ⓑ 細砂糖	24g
NH果膠粉	4g

/ 作法

1. 芒果去皮去核後，果肉切成1cm立方塊，和A一起放入鍋內，加熱至山椒果實能以指腹捏碎的狀態。熬煮過程需要時而攪動混合。

2. 加入混合好的B後煮至沸騰，繼續多煮2～3分鐘直到質地變得濃稠有黏性。熄火直接置涼，視喜好取出山椒。

composant 2

山椒粉菸捲餅乾
Cigarettes au Sansho

/ 材料　15人份

奶油	50g
糖粉	50g
蛋白	50g
Ⓐ 低筋麵粉	50g
山椒粉	1g

/ 作法

1. 混合好A過篩備用。大碗裡放入室溫退冰變軟的奶油、糖粉，以打蛋器混合均勻。慢慢加入蛋白同時拌勻，最後再加入A。

2. 在烘焙紙上，以抹刀拉出約6cm大的薄片。把烘焙紙放上烤盤，送入預熱至160°C的烤箱烘烤約10分鐘，直到烤上色。

3. 出爐後，趁熱以雙手拗彎做出弧度，直接置涼即可。

Assiette de Sansho et mangue, sorbet au yaourt

composant 3

山椒粉優格雪酪
Sorbet Sansho / yaourt

/ 材料　10人份

水	200g
蜂蜜	40g
Ⓐ 細砂糖	80g
山椒粉	3g
穩定劑	2g
檸檬汁	48g
原味優格	300g

/ 作法

1. 混合好A後備用。鍋裡放入水、蜂蜜後點火加熱，再加入A後仔細混勻，煮沸即可。

2. 倒入料理盆內，盆底浸泡冰水降溫冷卻。加入檸檬汁、優格，以手持式均質機均質，再倒進冰淇淋機內並啟動。

composant 4

糖漬山椒果實
Confit de baies de Sansho

/ 材料　便於操作的分量

山椒果實	
（事先水煮過的成品［參考P.74］）	30g
Ⓐ 水	60g
麥芽糖	10g
蜂蜜	60g
細砂糖	20g
檸檬汁	15g

/ 作法

1. 鍋裡放入A後煮沸，做成糖漿。

2. 把山椒果實倒入步驟1內，以極小火繼續煮至糖漿濃縮成原來的一半分量。之後直接置涼冷卻。

組合・呈盤

/ **材料**　裝飾用

芒果 ……………………………… 適量
樹芽 ……………………………… 適量

1、
在呈盤用的器皿左側，以山椒果實芒果果醬畫出一道弧形。上面擺放隨意切塊的芒果。

2、
步驟1上放一球橢圓形的山椒粉優格雪酪，加上3片山椒粉菸捲餅乾，視整體平衡感擺放。

3、
選2個位置插上小樹芽，然後散放上糖漬山椒果實。

Assiette de Sansho et mangue, sorbet au yaourt

生薑雪酪炒草莓
Sorbet au Shoga, fraises sautées

薑，在全世界被廣泛運用，當成香料或是藥材。
甜點界也很常以它入味，在法國尤其常見與柑橘類做搭配。
其實薑跟任何一種水果都很合拍。
這次用草莓來跟它相佐，延伸至雪酪及糖漬，每一個層次都不錯過。

和風食材 14

生薑

しょうが　Shoga
Gingembre

Data
分類　　　薑科多年生草本植物
主要產地　高知縣、熊本縣、千葉縣
採收時期　老薑為 9～10 月，嫩薑為 6～8 月及 9～10 月
挑選方法　老薑要體形圓潤，結構扎實，嫩薑則要帶有濕潤感

● 使用範例
少量使用便能有足夠薑味。雪酪或糖炒水果的最後步驟加上一點，就會有刺激的辣味。

生薑雪酪

（老薑（根薑））
全年都買得到老薑，是在秋天採收後經過固定時間的儲藏後販賣的商品。不含水分、纖維質多、辣味明顯。

（薑粉）
生薑經過乾燥後做成粉末狀的加工產品。

生薑沙布列

● 使用範例
可加在沙布列、瑪德蓮或費南雪這類花式小點中。

（嫩薑）
從種植用的老薑裡新生出來的便是嫩薑。或者是秋天採收下來的生薑，不經過儲藏直接販賣的商品。

發芽玄米燉飯

● 使用範例
飽含水分且辣味較溫和，調味後就能直接食用。可以用糖漿煮成糖漬嫩薑，把糖漿瀝去再乾燥，就是糖漬薑乾。

玄米香穀麥

用於**甜點製作**時的重點

搭配任何水果都OK
不管什麼水果都是生薑的好搭檔。依季節試試看鳳梨或芒果吧。跟巧克力也很搭。

為了不讓風味消失請盡早使用
由於薑的辣味及香氣消失得很快，切開或磨碎後就要立刻使用。此外為了顧及口感，務必削皮後使用。

磨碎的薑泥連薑汁一起使用
磨碎的薑泥，要連同果肉及果汁一起使用，才能完整留住薑的風味。

Sorbet au Shoga, fraises sautées

composant 1

生薑雪酪
Sorbet au Shoga

材料　12～14人份

- A 水 ……………………… 300g
  　麥芽糖 …………………… 40g
  　蜂蜜 ……………………… 18g

- B 細砂糖 …………………… 150g
  　穩定劑 …………………… 4g
  　檸檬汁 …………………… 200g
  　現磨老薑泥 ……………… 40g

作法

1. 鍋裡放入A後溫熱，加入混合好的B，煮至沸騰。

2. 倒入料理盆裡，盆底浸泡冰水，一邊混合同時降溫冷卻。

3. 加入檸檬汁、老薑泥，然後倒入冰淇淋機內並啟動。

composant 2

糖漬嫩薑
Shoga nouveau confit

材料　30人份

- 切絲嫩薑 ……… 去皮後重量90g
- A 水 ……………………… 180g
  　細砂糖 …………………… 90g
  　檸檬汁 …………………… 20g

作法

1. 嫩薑去皮，切成5mm厚的薄片後，再切成細絲。

2. 步驟1快速汆燙一下去除苦味，之後瀝去水分。

3. 鍋裡放入A後煮至沸騰，做成糖漿，再倒入薑絲一起煮。

4 薑絲熟透後即可取出，裝入耐熱容器內，保鮮膜貼合表面加蓋，置涼即可。

2 在步驟1的大碗裡放入紅糖及鹽，以矽膠刮勺混合拌勻。以同樣方法依序從全蛋〜A，分別加入材料，每次都要混合均勻。

3 取2張烘焙紙夾住步驟2，以擀麵棍推成2mm厚。

4 放上烤盤，撕去表層的烘焙紙，送入預熱至160°C的烤箱烘烤約20分鐘。

5 出爐後置涼散熱，剝碎成2cm大小。

composant 3

生薑沙布列
Sablé au Shoga

材料　20人份

奶油	163g
紅糖	75g
鹽	1g
全蛋	30g
杏仁粉	38g
Royaltine薄餅碎片*	38g
A 低筋麵粉	163g
薑粉	2g

作法

1 取一大碗放入奶油後，置於室溫下退冰軟化。混合好A，過篩備用。

composant 4

生薑風味糖炒草莓
Fraises sautée parfumées au Shoga

Sorbet au Shoga, fraises sautées　　*也可用無糖燕麥或穀麥來代替

/ 材料　3人份

草莓	10顆
細砂糖	20g
檸檬汁	5g
現磨老薑泥	2g
白蘭地	3g

/ 作法

1　草莓切去掉蒂頭較硬的部位後，對半切開。平底鍋裡放入細砂糖後點火加熱，直到砂糖變成焦糖色。

2　加入檸檬汁、老薑泥，混合拌勻，再加入草莓輕炒。

3　倒入白蘭地後，在表面點火以揮發酒精。趁熱裝入呈盤用的器皿內。

組合・呈盤

/ 材料　裝飾用

草莓	適量	現磨檸檬皮	適量
薄荷葉	適量		

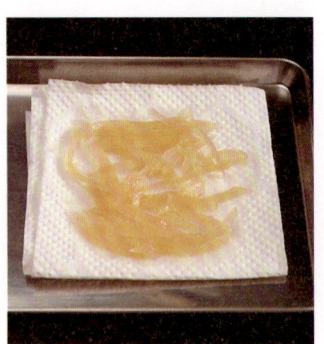

1、把糖漬嫩薑放在廚房紙巾上，吸取多餘水分後備用。草莓切去蒂頭較硬的部位，有的保留整顆，其他則對半切開、切成4等份備用。

2、在呈盤用的器皿上放一小堆生薑沙布列，用來固定止滑雪酪。

3、在盤內空白區域放入步驟1的草莓，再散放上糖漬嫩薑。

4、步驟3之上，再加上仍溫熱的糖炒草莓，然後灑上糖漬嫩薑及薄荷葉。

5、取一球橢圓形的生薑雪酪，放在步驟2上。整盤灑上現磨檸檬皮。

生薑雪酪炒草莓

山葵巧克力的組合
Composition de Wasabi et chocolat

山葵是少數日本的原產蔬菜。
除了廣為人知的根部以外,這次連莖部一起使用,
和口感酥爽的脆餅搭配,
完成這道能同時享受多種口感變化的甜點。
此外,山葵雖有土耕種植的「畑山葵」,
本書選用了風味更上乘的「水山葵」。

和風食材 15

山葵

わさび　Wasabi
Raifort japonais

Data
分類　　　十字花科山萮菜屬
主要產地　長野縣、岩手縣、靜岡縣
挑選方法　【山葵】表面的凹凸間隔緊緊相鄰、結實而有重量感
　　　　　【山葵葉・山葵花】濕潤且外觀健康

（山葵花）

春天開花的山葵花，跟山葵葉有著相同的辛辣風味，可以食用。

（山葵葉）

山葵的葉子連同莖連都稱為「山葵葉」。有著山葵特有的辛辣氣味，可以醬油醃漬或佃煮後食用。

✓ 事先處理
揉鹽後汆燙
仔細跟鹽一起搓揉，把苦味去除後，洗淨再快速汆燙過，能讓辣味更明顯。

● 使用範例
經過事先處過後，可以用糖漿醃成漬山葵，或是做成果醬。

漬山葵莖

（山葵）

指的是山葵葉的根部。削去老根後，以細目磨泥器從葉莖相連的部位開始，連空氣一起磨泥進去的話，辣味就出來了。

● 使用範例
磨成泥狀後可以和奶餡或雪酪一起混合。也可把表皮切成薄片後，浸泡在糖漿裡，然後以烤箱烘乾。

檸檬山葵奶餡

山葵脆片

用於**甜點製作**時的重點

味道搭配
山葵的辣味強烈，香氣則很細緻。切碎或磨泥後經過一段時間香氣便會揮發，要在使用前才處理。

跟每一種水果都合得來
所有水果跟山葵都很合拍。尤其以鳳梨、芒果、百香果這類熱帶水果尤佳。巧克力也OK。

山葵要帶皮使用
山葵的外皮有辣度。除非很髒才削掉，否則是帶皮使用。

composant 1

漬山葵葉
Tiges de Wasabi pochées

/ 材料　10人份

Ⓐ 水 ······················ 120g
　細砂糖 ················ 60g
　檸檬汁 ················ 40g
山葵葉（莖部）········ 100g
鹽 ·························· 適量

/ 作法

1　以A來製作糖漿。鍋裡放入水及細砂糖，混合後煮沸。冷卻後加入檸檬汁。

2　把山葵葉切成15cm長，仔細以鹽搓揉過後洗淨。快速汆燙一下，再泡水。

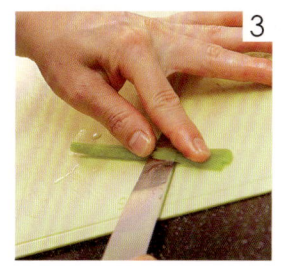

3　步驟2每一根都散放開來，側面入刀切成1mm的薄片

4　把步驟3以糖漿醃漬，為了不讓空氣進入，保鮮膜要緊貼表面加蓋。靜置約15分鐘。

composant 2

山葵檸檬奶餡
Crème Wasabi / citron

/ 材料　6人份

全蛋 ······················ 120g
細砂糖 ···················· 60g
檸檬汁 ···················· 120g
現磨檸檬皮 ············ 1/2顆份
吉利丁片 ················ 4g
奶油 ······················ 76g
現磨山葵 ················ 8g

/ 作法

1　吉利丁片泡冰水軟化。

2　料理盆底放入全蛋及細砂糖，攪拌打碎成蛋液，過濾進鍋內。加入檸檬汁及現磨檸檬皮。

Composition de Wasabi et chocolat

3 開中火加熱步驟2，同時以矽膠刮勺攪拌。整體煮沸、產生稠度黏性後即可熄火。加入擰去水分的吉利丁，攪拌讓吉利丁均勻溶化後，散熱降溫至60°C。

4 加入奶油、現磨山葵泥，以手持式均質機仔細均質。倒入料理鋼盤內送入冰箱冷藏降溫。

2 倒入料理盆內，盆底浸泡冰水一邊混合，徹底降溫。加入檸檬汁、現磨山葵泥，最後倒入冰淇淋機內並啟動。

composant 4

山葵脆片
Chips de Wasabi

／材料　便於操作的分量

山葵 ………………………… 適量
糖漿（細砂糖：水＝1:2的比例，煮沸溶解後冷卻的成品）……… 適量

／作法

1 山葵先以切片器切成薄片，然後浸在糖漿裡。

composant 3

山葵雪酪
Sorbet au Wasabi

／材料　10人份

牛奶 ………………………… 300g
水 …………………………… 125g
Ⓐ 細砂糖 ……………………… 120g
　 穩定劑 ……………………… 2g
檸檬汁 ……………………… 20g
現磨山葵泥 ………………… 12g

／作法

1 混合好A備用。鍋裡放入牛奶、水後加熱，再加入A煮至沸騰。

2 排列於鋪好烘焙紙的烤盤內，送入預熱至80～100°C的烤箱烘乾約2小時。

composant 5

杏仁達克瓦茲
Pâte à dacquoise aux amandes

/ 材料　15人份

- A 杏仁粉 ……………… 90g
  - 糖粉 ………………… 90g
  - 低筋麵粉 …………… 24g
- 蛋白 …………………… 114g
- 細砂糖 ………………… 38g
- 糖粉 …………………… 適量

/ 作法

1、混合好A過篩備用。
2、料理盆裡放入蛋白，以手持式電動攪拌機輕輕打發。加入細砂糖，持續打發成撈起時蛋白糖霜呈現針尖的固態狀。
3、把步驟1分成2〜3次加入步驟2內，同時以矽膠刮勺動作俐落且盡量不破壞氣泡的方式混勻。
4、裝入附上1cm圓形花嘴的擠花袋內，在鋪好烘焙紙的烤盤內，擠出漩渦狀的圓形（配合呈盤用器皿的尺寸大小）。送入預熱至170℃的烤箱內烘烤約20分鐘，出爐置涼即可。

composant 6

巧克力杏仁脆餅
Croquant chocolat / amandes

/ 材料　8人份

- A 黑巧克力 ……………… 16g
  - 牛奶巧克力 …………… 16g
  - 帕林內 ………………… 20g
- Royaltine薄餅碎片 ……… 60g
- 杏仁（烤過）…………… 30g

/ 作法

1、料理盆裡放入A，隔水加熱溶化。薄餅碎片、切碎的杏仁，仔細拌勻。
2、在料理鋼盤裡鋪上OPP保護膜，倒入步驟1，大致散勻。送入冰箱冷藏固定。

composant 7

巧克力香緹鮮奶油
Chantilly chocolat

/ 材料　20人份

- 黑巧克力 ………………………… 48g
- 牛奶巧克力 ……………………… 48g
- A 鮮奶油（乳脂含量35%）…… 113g
  - 麥芽糖 ……………………… 8g
- 鮮奶油（乳脂含量35%）……… 250g

Composition de Wasabi et chocolat

/ 作法

1、把兩種巧克力都切碎後,放在大碗裡備用。
2、鍋裡放入A後拌勻,煮至沸騰。倒入步驟1內,混合溶化均勻。
3、碗底浸泡冰水,同時繼續攪拌直到冷卻。加入鮮奶油,以手持式電動攪拌機打發至八分發。送入冰箱冷藏。

組合・呈盤

/ 材料　裝飾用

山葵粉
(山葵脆片壓碎後磨成粉末狀的成品)……適量

1、
漬山葵葉放在廚房紙巾上,吸去多餘水分。擠花袋裡裝入巧克力香緹鮮奶油,擠入有深度的呈盤用容器內,約25g。

2、
把杏仁達克瓦茲以慕斯圈切出適合容器的大小,剝成4等份以便於入口,放在步驟1上方恢復成圓形,並輕輕下壓。

3、
放入約40g的檸檬山葵奶餡,再放入弄碎後約15g的巧克力杏仁脆餅。

4、
散放上漬山葵葉、山葵脆片。中央放上一球橢圓形的山葵雪酪,最後灑上山葵粉。

#3 調味料
Assaisonnements

味噌胡桃芭菲

Parfait au Miso et noix de pécan

講起味噌，就會想到以前常吃的味噌花生。
把內容物換成胡桃，然後以芭菲的方式組合呈現，
更適合當成餐廳裡的一道甜點。
味噌層次豐富的香氣及鹽味，
如何能在加了甜度後還能維持完美平衡，
著實讓我傷了一番腦筋。

和風食材 16

味噌

味噌　Miso
Pâte de soja fermentée

Data
主要原料　大豆、米麴、麥麴、鹽等
主要產地　【米味噌】關東甲信越、東北、北海道等，幾乎涵蓋全日本各地
　　　　　【麥味噌】九州、中國、四國地區
　　　　　【豆味噌】愛知縣、三重縣
保存方法　不讓表面變乾，並以冷藏保存

(米味噌（白味噌）)
大豆加入米麴、鹽所製成的味噌，占日本國內產量的8成。關西地區使用的白味噌（西京味噌）也是米味噌的一種，依據熟成期間、米麴及鹽分的調配比例不同，多數為甜味。

(豆味噌)
僅用蒸過的大豆及食鹽，經過長時間熟成製成的味噌。特徵為口感香濃、略帶澀味。

(麥味噌)
以大豆、麥麴及鹽所製成的味噌。由於是農家自製自用，也被稱為「鄉村味噌」。味道具層次感且帶甜。

● 使用範例
由於味噌算是調味料，可以混合在瑪德蓮、費南雪、成功蛋糕（Succès）等麵糊裡，也可混用於芭菲之中，也可做為醬汁使用，用途十分廣泛。

白味噌芭菲 　　味噌胡桃

用於甜點製作時的重點

利用炙燒表面提拉出香氣
就像製作芭菲（P.92）時，如果不先加熱，味噌的風味不容易展現。先以噴槍將味噌表面輕輕炙燒過後再使用更好。

表面炙燒過後的味噌

取得最佳平衡的鹹度
為了不讓味道過於死鹹，但又能發揮出味噌的香氣，需要取得良好的調味平衡。不同種類的味噌鹽分也不同，先確認過後再使用。

最後一個步驟才加入麵糊裡
由於味噌內所含的酵素作用，在加入麵糊之後會變使麵糊變得鬆弛。等到最後一個步驟再快速混勻，然後立刻送入烤箱。

與堅果、豆類、柑橘都很合
味噌跟堅果類、豆類、水果的柑橘類都很合得來。這時要先炙燒後再使用。

Parfait au Miso et noix de pécan

composant 1

白味噌芭菲
Parfait au Miso blanc

／材料　24 x 14cm 的料理鋼盤一個（8人份）

A 白味噌 ………………………… 98g
　　蜂蜜 …………………………… 27g
　　法式酸奶油 …………………… 36g
　　蛋黃 …………………………… 112g
　　細砂糖 ………………………… 45g
　　現磨檸檬皮 …………………… 27g
　　水 ……………………………… 15g
　鮮奶油（乳脂含量35%）………… 300g

／作法

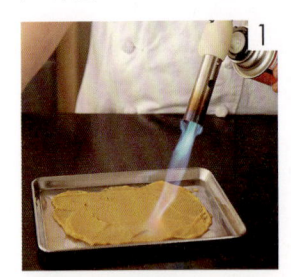

1　把A的白味噌在料理鋼盤裡薄推開來，再用噴槍於表面輕微炙燒過。加入A的其他材料，以矽膠刮勺攪拌混勻。

2　料理盆裡放入B後，以打蛋器打散混合，隔水加熱同時打發。溫度到達70°C後移除熱水，繼續攪拌打發直到冷卻。

3　把步驟1加入步驟2內，混合拌勻。然後加入打發至七分發的鮮奶油，繼續拌勻。

4　料理鋼盤內鋪上OPP保護膜，倒入步驟3。送入冷凍庫冰凍固定。

composant 2

白味噌成功蛋糕
Biscuits succès au Miso blanc

／材料　20人份

A 蛋白 …………………… 100g
　　細砂糖 ………………… 90g
　　白味噌 ………………… 16g

B 杏仁粉 ………………… 60g
　　細砂糖 ………………… 50g

／作法

1　同時過篩B。

2　料理盆裡放入A，以手持式電動攪拌機打發成固態的硬式蛋白糖霜。取出一部分，和白味噌仔細混合均勻，再倒回剩下的蛋白糖霜內，以矽膠刮勺動作俐落快速地攪拌，盡量不要破壞氣泡。

作法

1. 仔細混合好A，備用。

2. 以平底鍋加熱融化奶油，倒入胡桃，使胡桃均勻沾覆奶油。加入步驟1，持續加熱使水分揮發的同時，也跟胡桃均勻混合。

3. 倒在鋪上烘焙紙的烤盤內，散熱置涼即可。

3. 把步驟1加入步驟2內，大致混合拌勻。

4. 擠花袋裝上10mm的圓形花嘴，然後裝入步驟3。在鋪好烘焙紙的烤盤內擠出棒狀。

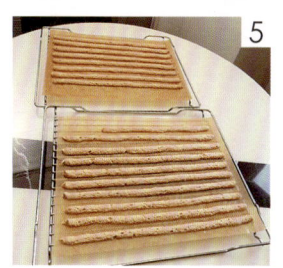

5. 送入預熱至135°C的烤箱烘烤約35～40分鐘。出爐後連同烘焙紙一起放在網架上散熱置涼。

---

composant 3

味噌胡桃
Noix de pécan caramélise au Miso

材料　20人份

胡桃（烘烤過*） ……… 180g
奶油 …………………… 15g
Ⓐ 麥味噌 ……………… 30g
　 蜂蜜 ………………… 20g
　 細砂糖 ……………… 75g
　 水 ………………………30g

composant 4

糖煮檸檬
Compote de citron

材料　20人份

Ⓐ 檸檬果肉 ……………… 260g
　 現磨檸檬皮 ……………… 8g
　 細砂糖 ………………… 100g

Ⓑ 細砂糖 ………………… 30g
　 果膠 ……………………… 8g

Parfait au Miso et noix de pécan　　*自行烘烤的話以160°C的烤箱烤20分鐘即可。

/ 作法

1、混合好B備用。
2、鍋裡放入A後溫熱，中途熄火，一邊加入B同時以手持式均質機均質。
3、再次點火煮至沸騰後，散熱置涼。

組合・呈盤

/ 材料　裝飾用

現磨檸檬皮 ………………………………… 適量

1、
白味噌芭菲從料理鋼盤裡取出，撕去OPP保護膜，切開成4.5cm的塊狀。

2、
白味噌成功蛋糕切開成4.5cm長。

3、
把切開的成功蛋糕3根並排、平面朝上，芭菲錯開以45度角放在上方。

4、
芭菲上方，成功蛋糕再次錯開45度角，這次以平面朝下同樣3根並排。之後直接送入冰箱冷藏。

5、
味噌胡桃大致切碎。

6、
在呈盤用的器皿中央偏外側，放上一小堆的味噌胡桃，在胡桃前方放上約15g的糖煮檸檬。

7、
在糖煮檸檬上方，站立放上步驟4，前方擺放味噌胡桃。全盤灑上現磨檸檬皮。

醬油無花果甜點
Dessert de Shoyu et figues

日本料理中不可或缺的醬油，
只要掌握好訣竅，也能輕鬆應用在甜點上。
由於醬油本身風格獨特味道強烈，使用時分量需要邊嘗邊調整。
用法類似巴薩米克醋，可以淋在香草冰淇淋上，
也可考慮無花果 X 醬油、草莓 X 醬油這類的組合。

和風食材 17

醬油

醬油　Shoyu
Sauce de soja

Data
主要原料　大豆、小麥、麴、鹽
主要產地　千葉縣野田市、銚子市、兵庫縣龍野市、小豆島
保存方法　蓋緊瓶蓋冷藏保存。常溫保存容易因為氧化而變質，顏色也會變深，最好避免。

（濃口醬油）

以接近同等分量的大豆及小麥混合後製成，顏色是明亮的紅褐色。占日本國內產量的8成。可用於加熱的料理之中、當成沾醬，或是淋在料理上，用途相當廣泛。鹽分為36～17%。

（淡口醬油）

以關西地區為中心所使用的醬油，希望食材的顏色被強調出來時使用。雖然顏色較淡，實際上比濃口醬油更鹹。鹽分38～19%。

醬油冰淇淋

醬油焦糖半乾無花果

醬油佛羅倫汀脆餅

（醬油粉）

醬油經過加工變成粉末狀的產品。

● 使用範例

可以加在海綿蛋糕（Gènoise）、沙布列等的麵糊內，也可在最後呈盤裝飾時灑上，有令人驚豔的視覺效果。

● 使用範例

可用於增添冰淇淋、焦糖水果、佛羅倫汀脆餅的風味。也可跟芭菲混合，或做成醬汁。加在麵糊類時，要先和油脂混合，乳化後再使用。

用於**甜點製作時**的重點

選擇香氣明顯的醬油
醬油的美味來自於其香氣。請選用香氣明亮卻不刺激嗆鼻，溫和恰到好處的醬油。

鹹度的平衡感是關鍵
醬油以含鹽量低的較容易運用於甜點上。為了不讓鹹味過重，務必一邊試味道一邊調整使用分量。

適合用在增添香氣的「焦化」狀
醬油的香氣，跟焦化時的香味很合拍。例如糖炒鳳梨時想要增加焦度，可以使用醬油做成照燒風，或是用在焦糖化時。水果則是跟無花果或莓果類的都很合。

96　醬油無花果小點心

composant 1

醬油冰淇淋
Crème glacée au Shoyu

材料　8人份

A 牛奶 ······················ 250g
　　鮮奶油（乳脂含量35%）······ 50g
　　香草莢與香草籽 ············ 1/6根

B 蛋黃 ······················ 50g
　　細砂糖 ···················· 40g
　　紅糖 ······················ 8g
　　濃口醬油 ·················· 16g

作法

1. 鍋裡放入A，加熱直到即將煮沸。

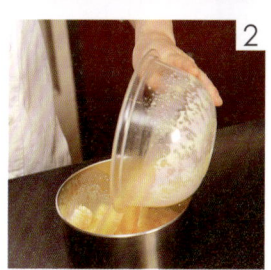

2. 料理盆裡放入B，以打蛋器打散混勻，倒入一半分量的步驟1，混合均勻。之後全部倒回鍋內，整體攪拌的同時加熱至83℃。

3. 過濾後趁溫加入醬油。料理盆底部浸泡冰水散熱，完全冷卻後倒入冰淇淋機內並啟動。

composant 2

醬油焦糖半乾無花果
Figues semi-séchées caramélisées au Shoyu

材料　6人份

半乾無花果 ················ 150g
細砂糖 ···················· 40g
水 ························ 70g
濃口醬油 ·················· 8g
白蘭地 ···················· 4g

作法

1. 半乾無花果切成4等份。平底鍋內放入細砂糖，以中火加熱至顏色呈焦糖色。

2. 加水，溶化焦糖，再加入無花果輕煮。整體煮透後加入醬油。

3. 倒入白蘭地，表面點火揮發酒精。

Dessert de *Shoyu* et figues

composant 3

醬油佛倫羅汀脆餅
Florentins au Shoyu

／材料　10人份

Ⓐ 奶油 ……………………… 20g
　細砂糖 …………………… 20g
　麥芽糖 …………………… 20g
　鮮奶油（乳脂含量35%）… 10g
濃口醬油 …………………… 6g
杏仁片 ……………………… 55g

／作法

1. 鍋裡放入A，以中火加熱的同時，取矽膠刮勺混合攪拌，幫助乳化。

2. 煮沸後加入醬油混勻，立刻熄火。放入杏仁片，仔細混合均勻沾覆。

3. 倒入已經鋪上烘焙紙的烤盤內，推開成厚度約1～2片杏仁片的厚度。

4. 送入預至170°C的烤箱內烘烤約10～15分鐘，烤至香酥狀（中途取出一次，把烤箱前後對調後繼續烘烤）。出爐後置涼散熱。

組合・呈盤

／材料　裝飾用

無花果 ………………………… 1人份約1顆

1、無花果去皮，切成12等份半月形。在呈盤用的玻璃杯內，從中央向外以放射狀方式排列。

2、在步驟1的正中央，放入約30g的醬油焦糖半乾無花果。

3、取一大球橢圓形的醬油冰淇淋，放在步驟2上。最後插上大小適中的醬油佛羅倫汀脆餅。

味醂覆盆子冷湯
Nage de Mirin et framboises

「Nage」在法文裡是「游泳」的意思。
用於料理中有如讓食材游於水中的表現方式。
附上把覆盆子風味轉移至味醂裡的清爽醬汁，
以上桌後再淋上的方式來呈現。奶酥的口感是一個亮點。

和風食材 18

味醂

みりん　Mirin
Saké sucré

Data
主要原料　糯米、米麴、燒酒
保存方法　本味醂置於陰涼處保存。如果冷藏保存要留意可能會有糖分結晶化的狀況。至於味醂風味的調味料則需要冷藏保存。

（**本味醂**）

混合了糯米、米麴、酒精，熟成後製成。有著溫和的甜味及香氣的液狀調味料。含酒精成分約13%～14%，也算是酒類的一種。還有一種「味醂風調味料」，本書使用「本味醂」。

煮至濃縮成原分量 2/3 的本味醂

熬煮讓本味醂的分量濃縮成原來的2/3後，直接置涼冷卻。鎖住了味醂的甜味及麴的風味，很適合當成甜點的佐料。

味醂檸檬雪酪 　　味醂覆盆子醬 　　糖煮味醂無花果

● 使用範例

煮至濃縮成2/3分量的本味醂，變成帶有層次感及香氣的甜糖漿，可用於雪酪、做成醬汁，也可用於糖煮水果（compote）裡。用途相當多。

用於甜點製作時的重點

煮至濃縮後再使用
味醂如果直接使用的話會太稀，用於甜點製作時先煮成2/3分量後再使用。由於味醂是擁有獨特香甜的調味料，調理方法跟「楓糖漿」類似。

味道調性
由於味醂是日式調味料，只要跟紅豆、黃豆粉這類日式食材配合，就不會出錯。水果類則是和鳳梨、桃子、芒果、莓果類、柑橘類、葡萄都很合。

盡早使用完畢
即使把味醂煮至濃縮2/3，它的香氣還是容易散發，所以盡早使用完畢為佳。

composant 1

味醂檸檬雪酪
Sorbet Mirin / citron

/ 材料　12人份

水	125g
現磨檸檬皮	5g
Ⓐ 細砂糖	75g
穩定劑	1g
檸檬汁	180g
牛奶	250g
煮至2/3分量的味醂	90g

/ 作法

1. 鍋裡放水及現磨檸檬皮，點火加熱。

2. 把混合好的A加入步驟1內混勻。煮沸後倒入料理盆內，盆底浸泡冷水冷卻。

　※如果冷卻不夠徹底，下一個步驟加入牛奶就會造成蛋白質分離，要多留意。

3. 加入檸檬汁、牛奶、煮至濃縮的味醂，混合拌勻。倒入冰淇淋機內並啟動。

composant 2

味醂覆盆子醬
Sauce Mirin / framboises

/ 材料　6人份

Ⓐ 煮至2/3分量的味醂	20g
覆盆子	200g
細砂糖	15g
檸檬汁	3g
（依個人喜好）煮至2/3分量的味醂	適量

/ 作法

1. 料理盆裡放入A，以保鮮膜加蓋後隔水加熱。

2. 待覆盆子的果汁流出、果肉比原來縮小一圈後，即可停止加熱。把果肉過濾掉，醬汁送入冰箱冷藏（濾掉後的果肉可以用在「覆盆子果醬」[P.102]）。

3. 試一下味道，依個人喜好加入煮至濃縮的味醂調味。

Nage de Mirin et framboises

101

composant 3

覆盆子果醬
Marmelade de framboises

/ 材料　15人份

覆盆子 ·················· 250g
Ⓐ 細砂糖 ················ 25g
　 NH果膠粉 ············ 1g

/ 作法

1、覆盆子剝碎。混合好A備用。
2、鍋裡放入覆盆子後以中火加熱，同時攪拌。煮至果肉完全分解成膏狀即可。
3、加入A後混合均勻，沸騰後即可熄火。直接置涼冷卻。

composant 4

香草輕奶餡
Crème légère

/ 材料　20人份

牛奶 ·················· 250g
香草莢與香草籽 ············ 1/4根
Ⓐ 蛋黃 ················ 60g
　 細砂糖 ·············· 40g
　 低筋麵粉 ············ 12g
　 玉米粉 ·············· 12g
奶油 ·················· 20g
鮮奶油（乳脂含量35%）····100g

/ 作法

1、製作甜點奶餡（Crème Pâtissière，即卡士達醬）。鍋裡放入牛奶及香草莢，加熱直到煮沸前的狀態。
2、料理盆裡依序放入A，每加入一樣材料都以打蛋器仔細攪拌均勻。再把步驟1加進來，混合拌勻。
3、倒回鍋內，以中火加熱，同時取矽膠刮勺一邊攪拌。煮至產生黏性、奶餡出現光澤感後，加入奶油仔細混合均勻。散熱至不燙手的程度後，送入冰箱冷藏降溫。
4、鮮奶油打發成固態發泡狀，加入步驟3，混合拌勻。

composant 5

奶酥
Crumble

/ 材料　6人份

奶油 ·················· 30g
Ⓐ 杏仁粉 ·············· 30g
　 低筋麵粉 ············ 30g
細砂糖 ················ 30g

/ 作法

1、把在室溫下退冰變軟後的奶油放入料理盆內，攪拌成乳霜狀。

2、加入過篩後的A、細砂糖,仔細混合至粉末消失後,揉成麵團狀。
3、以雙手捏成松子般大小,散放在鋪好烘焙紙的烤盤內,盡量分開不要重疊。
4、送入預熱至160°C的烤箱內烘烤約10分鐘。出爐後直接在烤盤上散熱至冷卻,剝散。

組合・呈盤

/ **材料**　裝飾用

覆盆子 ……………………………… 1人份約10顆
現磨檸檬皮 ……………………………… 適量

1、在有深度的容器中央,放上約15g的覆盆子果醬。調整成圓形。

2、在果醬的邊緣擺放覆盆子(中央空出來)。

3、在中央空下來的地方,擺放約20g的香草輕奶餡。最上面灑上奶酥。

4、取一帶有壺嘴的小玻璃杯,裝入味醂覆盆子醬,備用。

5、在步驟3的奶酥上放上一球橢圓形的味醂檸檬雪酪,再灑上現磨檸檬皮。搭配步驟4一同呈現。

Nage de Mirin et framboises

冰凍日本酒慕斯及柳橙醬
Mousse glacée au Saké, sauce à l'orange

日本酒是完全不挑對象，跟任何東西都能混搭的食材。
水果從柑橘類到莓果類再到熱帶水果，甚至是日本產的水果都 OK。
再來跟巧克力或焦糖也很合，可以自由發想像力創造各種組合。
這次用上了柳橙做為輔佐搭配，讓酒的香醇能夠更被襯托出來。

和風食材 19

日本酒

酒　Saké
Alcool de riz

Data
主要原料　米、米麴、酵母
酒精濃度　15.4%
保存方法　清酒雖能存放於室溫下，但不喜光線及高溫，所以置於陰涼處。蘋果酒則冷藏保存。

（清酒）
以米、米麴、水等原料經過發酵過濾後的成品。由於經過過濾去除沉澱物，外觀清澈且口感清爽。

（濁酒）
跟清酒是同類型的酒類，不過跟普通清酒不同，因有沉澱物顏色呈白濁狀。口感滑潤，味道濃郁。也有酵母仍在作用即裝瓶的氣泡版。

AUTRE
（酒粕）
日本酒過濾後所留下的白色沉澱物（參考P.110）。處理蛋白糖霜或麵糊類時，「希望增加酒香卻又不想要水分」時，就可以使用酒粕。

● 使用範例
日本酒適合用在慕斯、醬汁、雪酪這類不需加熱的甜點裡。只不過酒的比例若是過多，即使冷凍也不容易凝固，要多留意。

冰凍日本酒慕斯　　日本酒柳橙醬

用於甜點製作時的重點

以日本酒為主角時，選擇風味明顯的種類
日本酒的味道天差地別。當然可以依據喜好來挑選，不過若甜點的主角就是日本酒時，請以「風味明顯」的日本酒做為選擇標準。

選用不需加熱的甜點種類
日本酒經過高溫加熱後，風味便會消失，口味上的平衡感也就崩壞了。使用醬汁或慕斯這類不需要加熱的甜點種類，就能讓日本酒的原味完整呈現。不過酒精即使經過冷凍也不容易凝固。

任何水果都OK
基本上任何水果都跟日本酒合得來。先確定是要讓水果做為輔佐角色（柑橘類）來襯托主角的日本酒，或是反過來讓味道鮮明的食材（李子類或巧克力）做主角，日本酒為襯托角色；之後便容易構思。

Mousse glacée au Saké, sauce à l'orange

105

composant 1

日本酒冰凍慕斯
Mousse galcée au Saké

/ 材料 直徑 2.5 X 長13.5cm的管狀模型12根份

日本酒（蘋果酒）	240g
吉利丁片	6g
蛋白	80g
Ⓐ 細砂糖	50g
水	15g
鮮奶油（乳脂含量35%）	120g

/ 作法

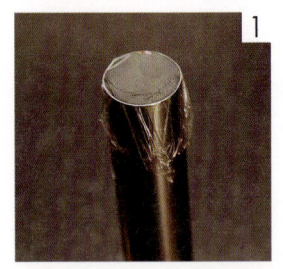

1. 準備好管狀模型，把一端的開口以保鮮膜仔細包好。吉利丁片泡冰水變軟。

2. 耐熱容器放入擰去水分的吉利丁片及50g日本酒，以微波爐加熱至50°C左右，攪拌均勻溶化。倒入剩下的日本酒混勻，容器底部浸泡冰水降溫冷卻。

3. 製作義式蛋白糖霜。料理盆裡放入蛋白，以手持式電動攪拌機打發。取一小鍋放入Ⓐ，混合後加熱至118°C，之後每次少量加入蛋白內，同時持續以攪拌機打發直到完全打發成固態的蛋白糖霜。送入冰箱或冷凍庫冷藏。

4. 另取一個料理盆，把鮮奶油打發至七成發，加入少許義式蛋白糖霜後拌勻。倒入步驟2內，混合拌勻後，全部倒回剩下的蛋白糖霜內，快速俐落地混合均勻。

5. 步驟4裝入擠花袋內，擠入圓筒中，以直立的狀態送入冷凍庫冷卻固定。中途若慕斯凹陷的話，以剩餘的慕斯補上，然後用抹刀整平表面，再次冷凍固定。

composant 2

酒粕蛋白糖霜
Meringue au Sakékasu

/ 材料 30 X 40cm 的烤盤 2片份

酒粕（片狀）	8g
蛋白	100g
Ⓐ 細砂糖	65g
海藻糖	35g
糖粉	90g

/ 作法

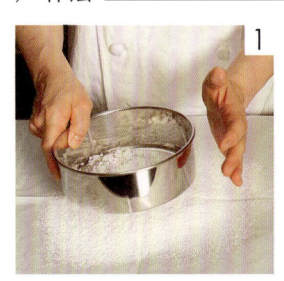

1. 混合好Ⓐ備用。糖粉過篩備用。

2　料理盆裡放入酒粕，加入少許蛋白化開。

3　加入剩下的蛋白，以手持式電動攪拌機打發起泡（由於酒粕的作用會讓蛋白軟化不易打發，不用在意繼續下去就對了）。加入A繼續攪拌，最終完成固態的硬式蛋白糖霜。嘗嘗看是否口感會沙沙的（確認海藻糖是否溶化），再加入糖粉，以矽膠刮勺大致拌勻。

4　在兩張烘焙紙上，放上步驟3並以抹刀推薄開來，然後放入烤盤內。以濾茶器灑上分量外的糖粉。

5　送入預熱至90°C的烤箱烘烤約3～4小時，烘乾。出爐後直接在烤盤上散熱冷卻。切成4～5cm後，裝入放有乾燥劑的容器內保存。

composant 3

柳橙果醬
Marmelade d'oranges

/ 材料　便於操作的分量

柳橙 ………… 2顆（淨重500g）
香草莢 ………………………… 1/4根
A　細砂糖 ………………… 50g
　　NH果膠粉 ……………… 5g

/ 作法

1、整顆柳橙汆燙兩次。去除蒂頭，連皮切成2cm的立方塊狀後再測量重量。混合好A備用。
2、鍋裡放入柳橙、香草莢，點火加熱。煮沸後加入A，混合均勻。
3、暫時熄火，以均質機均質後，再次煮沸。之後置涼。

composant 4

日本酒柳橙醬
Sauce Saké / orange

/ 材料　便於操作的分量

柳橙果粒* …………… 200g
檸檬汁 ………………… 10g
A　細砂糖 ……………… 15g
　　NH果膠粉 …………… 1g
日本酒（清酒）………… 適量

Mousse glacée au Saké, sauce à l'orange　　*柳橙果肉及果汁混合的成品　　107

/ 作法

1、混合好A備用。

2、鍋裡放入柳橙果粒及檸檬汁,溫熱後加入A,煮至沸騰。

3、倒入料理盆內,盆底浸泡冰水,一邊攪拌直到冷卻。加入清酒。

組合・呈盤

/ 材料　裝飾用

柳橙果肉 ………………………………… 適量
現磨檸檬皮 ……………………………… 適量

1、擠花袋裝上10mm的圓形花嘴,然後裝入柳橙果醬。在呈盤用的盤子中央擠上比冰凍日本酒慕斯長度稍長的兩條併排直線。

2、以雙手溫熱冰凍日本酒慕斯的圓筒,從底部推出,放在步驟1上。

3、冰凍慕斯的左右兩側貼上酒粕蛋白糖霜。

4、在盤子空白處,隨意點上日本酒柳橙醬。

5、柳橙果肉切成3～4等份,置於冰凍慕斯上。

6、灑上現磨檸檬皮。

酒粕鬆餅葡萄乾冰淇淋
Pancakes au Sakékasu, crème glacée aux raisins secs

抹醬狀的酒粕口感極佳，直接食用也很適合，
所以就用它來醃漬產季的巨峰葡萄，
而這個構思的來源則是「粕漬燒魚」。
若是對酒粕特別講究，可以至喜好的釀酒商挑選，
就能打造出個人風格的口味。

和風食材 20

酒粕

酒粕　Sakékasu
Lie de sake

Data
主要原料　清酒的醪（Moromi）
保存方法　開封後不用從袋內取出，直接以塑膠袋裝好，盡量擠出空氣後冷藏保存。

酒粕（抹醬狀）

把板粕（參考右記）攪拌成柔軟的抹醬狀，由於質地變軟所以容易溶解，不僅用於甜酒、魚類的粕漬相當方便，也很適合用來做甜點。專門用於醃漬菜的茶色酒粕則為不同種類。

酒粕（板粕）

從酒醪粹取出日本酒後，殘留於自動壓搾機裡的便是酒粕。有些是呈現散砂狀。浸水泡軟，或加熱攪拌後使用。有時也會取代乳酪，使用於素食或乳製品過敏食物內。

● 使用範例

可以混合於鬆餅、磅蛋糕、海綿蛋糕裡，或是用來醃漬水果，也可以加在冰淇淋裡。

酒粕鬆餅

酒粕燙煮葡萄乾　　酒粕葡萄乾冰淇淋

用於**甜點製作**時的重點

所有水果都能搭
酒粕是一種不挑對象的食材，跟所有種類的水果都很合拍。嘗試跟當季的水果搭配看看。

由於酵素的作用麵團會鬆弛
在蛋白糖霜或海綿蛋糕這類經過打發而成的基底裡，如果加入酒粕等發酵食材，會因為酵素的作用而導致泡沫溶解、質地變鬆弛，要特別留意。

注意酒粕的酒精成份
雖然酒粕含有酒精成分，但由於含水量很低，加熱後酒精也不容易揮發。對不勝酒力的人要特別小心。

110　酒粕鬆餅葡萄乾冰淇淋

composant 1

酒粕鬆餅
Pancakes au Sakékasu

/ 材料　直徑 8cm 的慕斯圈 6～7 個份

酒粕（抹醬狀）	45g
細砂糖	100g
全蛋	150g
現磨柳橙皮	1/2顆份
A 低筋麵粉	120g
泡打粉	8g
奶油	適量

/ 作法

1. 混合A，過篩備用。

2. 料理盆裡放入酒粕及細砂糖，以矽膠刮勺仔細攪拌混合。

3. 步驟2裡加入全蛋、現磨檸檬皮，以打蛋器混合均勻。

4. 把步驟1加進來，繼續混合直到整體質地柔軟滑順。以保鮮膜加蓋，送入冰箱冷藏1小時以上讓麵糊融合得更好。

5. 即將裝盤前才開始煎鬆餅。在擠花袋內裝入步驟4備用。平底鍋內以小火融化奶油，放入慕斯圈，內側圍一圈烘焙紙。

6. 在慕斯圈內擠入麵糊，高度約1cm，以小火加熱。約莫半熟後，取下慕斯圈及烘焙紙，翻面繼續煎熟即可。

composant 2

酒粕燙煮葡萄乾
Raisins secs pochés au Sakékasu

/ 材料　便於操作的分量

水	200g
酒粕（抹醬狀）	60g
葡萄乾	80g

Pancakes au Sakékasu, crème glacée aux raisins secs

/ 作法

1、鍋裡放入水及酒粕，以小火溫熱。以矽膠刮勺仔細攪拌防止煮焦，直到酒粕完全溶解。
2、碗裡放入葡萄乾，倒入煮沸的步驟1。
3、以保鮮膜仔細加蓋，直接置涼即可。

3 步驟2煮沸後倒入料理盆內，盆底浸泡冷水，同時攪拌直到完全冷卻。

4 加入步驟1的漬液後混合均勻，倒入冰淇淋機內並啟動。冰淇淋完成後，加入步驟1的葡萄乾，混合均勻。

composant 3

酒粕葡萄乾冰淇淋
Crème glacée au Sakékasu / raisins secs

composant 4

酒粕醃巨峰葡萄
Raisins géants marinés au Sakékasu

/ 材料　15人份

酒粕燙煮葡萄乾（參考P.111）… 全量
Ⓐ 牛奶 ………………………… 300g
　鮮奶油（乳脂含量35%）……… 60g
　酒粕（抹醬狀）………………… 40g
　細砂糖 …………………………… 70g
　麥芽糖 …………………………… 50g

/ 作法

1 把酒粕燙煮葡萄乾過濾，分離葡萄乾及液體。

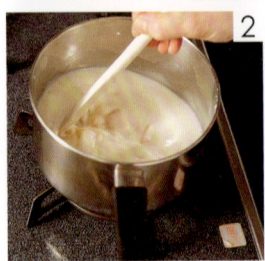

2 鍋裡放入A，一邊加熱的同時以矽膠刮勺拌勻，使酒粕溶解（如果酒粕結塊，可用均質機協助）。

/ 材料　6人份

巨峰葡萄（無籽）………… 18粒
Ⓐ 酒粕（抹醬狀）………… 70g
　蜂蜜 …………………………… 18g
　檸檬汁 ………………………… 6g
　細砂糖 ………………………… 16g

/ 作法

1 巨峰葡萄洗淨後拭去水分，切去蒂頭。

2　料理盆裡放入A，以矽膠刮勺攪拌混合成柔滑的抹醬狀。

3　步驟2裡加入巨峰葡萄，混勻。放入夾鏈袋內，排除空氣後封口，送入冰箱冷藏一晚。

composant 5

巨峰葡萄果醬
Confiture de raisins géants

/ 材料　6人份

巨峰葡萄	200g
細砂糖	10g
檸檬汁	18g
A　細砂糖	10g
NH果膠粉	2g

/ 作法

1、巨峰葡萄切去蒂頭，帶皮切成6等份，若有籽也去除。
2、鍋裡放入巨峰葡萄、細砂糖、檸檬汁，點火加熱。煮沸後加入混合好的A，仔細拌勻，再次煮沸。

組合・呈盤

/ 材料　裝飾用

糖粉 ………………………………… 適量

1、在呈盤用的盤子左後方，放上2片重疊的酒粕鬆餅。

2、盤子的右前方淋上一小撮巨峰葡萄果醬，做為冰淇淋的固定止滑用。在鬆餅的邊緣也淋上果醬。

3、取出酒粕醃巨峰葡萄，保留酒粕在葡萄上，對半切開，堆疊在盤子的空白處。

4、鬆餅灑上糖粉。在步驟2的止滑固定位置，放上一球橢圓形的酒粕葡萄乾冰淇淋。

Pancakes au Sakékasu, crème glacée aux raisins secs　　113

輕炒鹽麴鳳梨及米麴雪酪
Ananas sauté au Shio-Koji, sorbet au Kome-Koji

鳳梨經過鹽麴醃漬後，因為滲透壓的關係，
鹹味會融入鳳梨果肉內，取而代之的則是鳳梨果汁外流。
利用這甜中帶鹹的果汁做成雪酪，
再加上還原後的米麴，
在這道甜點裡能享受到發酵所帶來的獨特香氣。

和風食材 21

鹽麴

塩麴　Shio-Koji
Koji sale

Data
原料　　　米麴、鹽
保存方法　裝入有蓋的保存容器內，冷藏保存。

（鹽麴）

在米麴裡混合了鹽及水所製成的日本傳統發酵調味料。帶著鹽味及其獨特的香醇。有市售成品，也可以自行製作。

AUTRE

（米麴做成的「甜酒」）

若是鹽麴的鹹度過高時，可以加入以米麴浸泡熱水、溫熱過後的「甜酒」來調味。麴菌的風味及甜度能更加分。

（原料為米麴）

米麴，是讓白米附著麴菌後繁殖微生物而製成。除了用來製作鹽麴外，也是製造味噌、醬油、味醂、麴甜酒等的原料。也有生米麴，不過一般市面上還是以乾燥後的米麴為主流，有板塊狀（上）也有散粒狀（左）。有時「麴」字也寫成「糀」。

● 使用範例

除了以鹽麴醃漬水果再輕炒之外，也可以跟流出的果汁混合後做成飲料。

輕炒鹽麴鳳梨

用於**甜點製作**時的重點

留意鹹度的平衡
使用鹽麴時要注意鹹度。使用的分量要小心，不要讓鹽分過多。醃漬水果時，醃的時間愈長就會愈鹹，中途最好嘗一下味道再繼續會更好。

理解發酵調味料的特性
在蛋白糖霜或鮮奶油裡加入鹽麴這類發酵調味料時，會因為酵素的作用使這些元素變得鬆弛，要特別小心。

Ananas sauté au Shio-Koji, sorbet au Kome-Koji　　　　　　115

composant 1

輕炒鹽麴鳳梨
Ananas sauté au Shio-Koji

材料　6人份

鳳梨	1/2個
Ⓐ 鹽麴	50g
蜂蜜	20g
奶油	適量
細砂糖	適量

作法

1. 鳳梨去皮，切除芯較硬的部分，再切成6等份的半月形。在夾鏈袋內混合A，裝入鳳梨擠出空氣，送入冰箱冷藏，醃漬15分鐘。

2. 把鳳梨及醃漬汁液分開（醃漬汁液會用於「米麴雪酪」〔右記〕）。輕輕去除附著在鳳梨上的鹽麴，在加熱後的平底鍋裡同時放入奶油及鳳梨，輕炒。

3. 在表面灑上細砂糖，翻面煎焦。再次灑上細砂糖，翻面煎焦。

composant 2

米麴雪酪
Sorbet au Kome-Koji

材料　12人份

60°C的熱水	300g
乾燥米麴	40g
Ⓐ 水	125g
麥芽糖	25g
現磨生薑泥	15g
Ⓑ 細砂糖	75g
穩定劑	2g
Ⓒ 萊姆汁	30g
鮮奶油（乳脂含量35%）	25g
鹽麴的漬汁（用於「輕炒鹽麴鳳梨」中）	70g
現磨萊姆皮	1/2顆份

作法

1. 電鍋裡倒入60°C的熱水、剝碎的乾燥米麴，以保溫的方式加熱約3小時做成甜酒（參考P.115）。

2. 鍋裡放入A後溫熱，加入混合好的B，煮沸。

3 倒入料理盆內，盆底浸泡冰水同時攪拌直到冷卻。加入步驟1、C，混合均勻，最後倒入冰淇淋機內並啟動。完成後加入現磨萊姆皮。

組合・呈盤

/ 材料　裝飾用

鳳梨 ……………………………………… 適量
現磨萊姆皮 ……………………………… 適量

---

composant 3

馬斯卡彭甜點奶餡
Crème pâtissière mascarpone

/ 材料　8人份

牛奶 …………………… 250g
香草莢與香草籽 ………… 1/4根
Ⓐ 蛋黃 …………………… 64g
　 細砂糖 ………………… 45g
　 低筋麵粉 ……………… 12g
　 玉米粉 ………………… 12g
奶油 …………………… 20g
馬斯卡彭起司 …………… 125g

/ 作法

1、鍋裡放入牛奶及香草莢，加熱至即將煮沸前。
2、大碗裡依序加入A的材料，每加入一樣都要以打蛋器攪拌均勻。最後把步驟1也加進來，混合均勻。
3、倒回鍋中，以中火加熱，同時以矽膠刮勺攪拌混合。直到質地變成濃稠且產生光澤感後，加入奶油，仔細混合拌勻。
4、倒入料理盆內，盆底浸泡冰水，散熱至不燙手的程度後，送入冰箱冷藏降溫。以矽膠刮勺混合拌開，加入馬斯卡彭起司。

1、鳳梨切成3cm長的粗絲狀，在呈盤用的器皿右下方疊出一小堆，做為雪酪的固定止滑用。

2、在器皿左側，放上直徑約5cm的圓形馬斯卡彭甜點奶餡，接著疊放上對切後的輕炒鹽麴鳳梨。

3、步驟2上方，跟步驟1相同堆疊少量的鳳梨絲，然後灑上現磨萊姆皮。取一球橢圓形的米麴雪酪，置於固定止滑的鳳梨絲上。

Ananas sauté au Shio-Koji, sorbet au Kome-Koji

米麴甜酒法式奶凍
Blanc-manger à l'*Amazaké*

思索哪道甜點才能讓米麴的風味盡現，
腦海裡出現的就是簡潔的法式奶凍。
這道甜點只需要淋上覆盆子醬就能上桌，
配上米麴甜酒味直上舌尖的冰淇淋，
再以保留了米麴顆粒、帶有少許彈性的瓦片做為點綴。
凝聚了米麴甜酒的各種魅力。

和風食材 22

米麴甜酒

麴甜酒　Amazaké
Saké sucré sans alcool

Data
原料　　　米飯、米麴
保存方法　裝入夾鏈袋後冷凍保存。

（ 米麴甜酒 ）

為了和以酒粕做成的含酒精甜酒做區別，以米及米麴做成、不含酒精的甜酒，稱為「米麴甜酒」。保留了米麴中顆粒的口感，在溫潤的甜味當中帶有麴菌特有的風味。有可以直接用於飲料中的即食甜酒，甜點製作時也可以使用市售的濃縮版，較為方便。

● 使用範例

雖然常被當成甜度調味料來使用，若想要嘗到更多麴菌風味時，也可以用法式奶凍或冰淇淋這類單純的甜點來完整傳遞麴菌的風味。以烤箱乾燥烘烤做出瓦片也很適合。

米麴甜酒法式奶凍 　　米麴甜酒冰淇淋 　　米麴甜酒瓦片

用於**甜點製作**時的重點

煮沸才有香味
米麴甜酒要經過加熱才有香氣。溫度約莫70°C以上。如果甜點製作過程中會有煮沸的動作的話，不需要事前加熱也無妨。

以鹽來拉提甜味
就像煮紅豆湯時加入一點鹽能讓甜味變明顯，米麴甜酒裡也可以加入少許的鹽，達到拉提甜味的效果。

強調其細緻的風味
如果配合的食材味道太強烈的話，會讓米麴甜酒細緻的風味消失不見。要留意食材分量的分配比例。

Blanc-manger à l'Amazaké

composant 1

米麴甜酒法式奶凍
Blanc-manger à l'Amazaké

材料　5人份

Ⓐ 米麴甜酒（2倍濃縮版・無糖）⋯ 225g
　牛奶 ⋯⋯⋯⋯⋯⋯⋯⋯⋯⋯⋯ 105g
　細砂糖 ⋯⋯⋯⋯⋯⋯⋯⋯⋯⋯ 30g
　鹽 ⋯⋯⋯⋯⋯⋯⋯⋯⋯⋯⋯⋯ 1g
吉利丁片 ⋯⋯⋯⋯⋯⋯⋯⋯⋯⋯ 4.5g
鮮奶油（乳脂含量35%）⋯⋯⋯⋯ 95g

作法

1　吉利丁片以冰水泡軟。

2　鍋裡混合Ⓐ後點火加熱，煮至沸騰後倒入料理盆內。

3　待散熱至不燙手的程度後，加入擰去水分的吉利丁，攪拌溶解。盆底浸泡冰水，持續攪拌直到散熱冷卻。

4　鮮奶油打發成六分發，倒入步驟3內，快速俐落地拌勻。以保鮮膜加蓋送入冰箱冷藏固定。

composant 2

米麴甜酒冰淇淋
Crème glacée à l'Amazaké

材料　10人份

Ⓐ 米麴甜酒（2倍濃縮版・無糖）⋯ 250g
　牛奶 ⋯⋯⋯⋯⋯⋯⋯⋯⋯⋯⋯ 160g
　麥芽糖 ⋯⋯⋯⋯⋯⋯⋯⋯⋯⋯ 30g
　鹽 ⋯⋯⋯⋯⋯⋯⋯⋯⋯⋯⋯⋯ 0.5g

Ⓑ 細砂糖 ⋯⋯⋯⋯⋯⋯⋯⋯⋯⋯ 75g
　穩定劑 ⋯⋯⋯⋯⋯⋯⋯⋯⋯⋯ 4g

作法

1　鍋裡放入Ⓐ混合拌勻，加熱至約50℃。加入混合好的Ⓑ，煮至沸騰。

2　倒入料理盆內，盆底浸泡冰水，同時持續攪拌直到散熱冷卻。倒入冰淇淋機內並啟動。

3　把步驟2送入預熱至100°C的烤箱內烘烤3小時。水分都揮發、變成薄脆的糖衣狀時即完成。

4　另準備一大張烘焙紙，把出爐後的瓦片連同原來的烘焙紙上下翻面，置於新的烘焙紙上。撕去黏住瓦片旳烘焙紙後直接置涼。之後剝碎成5cm大小。

composant 3

米麴甜酒瓦片
Tuiles à l'Amazaké

／材料　8人份

米麴甜酒（2倍濃縮版・無糖）… 50g
海藻糖 ………………………… 25g

／作法

1　料理盆裡放入米麴甜酒及海藻糖，以矽膠刮勺仔細拌勻。

2　步驟1放入鋪好烘焙紙的烤盤內，以抹刀推薄（要推得比米粒還薄，出現空洞也無妨）。

composant 4

覆盆子醬
Sauce de framboises

／材料　6人份

覆盆子果泥 …………………… 100g
糖漿（細砂糖：水＝1:1的比例，
煮沸後冷卻的成品）………… 20g

／作法

1、把覆盆子果泥和糖漿混合拌勻。

Blanc-manger à l'Amazaké

組合・呈盤

/ **材料** 裝飾用

覆盆子果實 ………………………… 1人份3顆
銀箔 ………………………………… 一小撮

1、
呈盤用的容器內，裝入2大匙米麴甜酒法式奶凍（約80g）。

2、
再加上一球橢圓形的米麴甜酒冰淇淋。

3、
在上方淋上覆盆子醬，以覆盆子果實做為裝飾。

4、
視器皿內的平衡感灑上銀箔。最後直立插上米麴甜酒瓦片。

黑糖沙布列及脆餅
Sablés au Kokuto et croquants

產於熱帶的黑糖,是富含礦物質且風味強烈的甜味劑。
為了不讓味道過於單調,
加在酸奶油裡做成香草雪酪,最後再以岩鹽做裝飾點綴。
薏仁脆餅的靈感來自於雷粔籹(雷おこし)*。
沙布列則刻意不成形,以鬆散的粉末狀來呈盤,有如黑糖的效果。

* 源自東京淺草的一種和菓子,類似爆米香。

和風食材 23

黑糖

黑糖　Kokuto
Sucre de canne brun

Data
主要產地　沖繩縣、鹿兒島縣（奄美大島）
保存方法　裝入密封容器或密封袋內，存放於陰涼處。
　　　　　有可能顏色變黑品質劣化，最好盡快使用完畢

黑糖（粉末）

甘蔗汁熬煮濃縮後凝固的塊狀物，磨成粉末後的成品。在製作甜點上，使用粉末比塊狀的來得方便。務必過篩後使用。也有另一種「加工黑糖」，是加入了原料糖或糖蜜，使黑糖粉更容易溶解。

黑糖（塊狀）

甘蔗汁熬煮濃縮後凝固的成品。由於未經過精製，富含礦物質的「糖蜜」殘留較多，風味有如牛奶糖般濃郁。以微波爐加熱幾十秒就能用叉子簡單地分散開來（加熱過久會溶化，要留意）。

● 使用範例

可以混入沙布列這類的花式小點，或跟冰淇淋結合，也可以溶化後當成醬汁使用，或是最後裝飾時灑上，增添黑糖風味。

黑糖沙布列 　　黑糖冰淇淋

用於甜點製作時的重點

留意最後裝飾時的顏色
雖然黑糖跟任何水果都很合，但只要跟黑糖一起調理，顏色就會變黑。先把黑糖跟冰淇淋或沙布列結合後，再加上水果是更好的作法。

搭配香氣明顯的食材
可以搭配炒過的薏仁或堅果類。不建議用黑糖來做焦糖，因為容易燒焦，變成像黑炭般的效果。

浮沫不用清得太乾淨
黑糖在加熱溶化的過程裡會出現浮沫，如果清除得太乾淨，會連黑糖特有的風味都一併清除掉，所以適度地去除浮沫即可。

黑糖沙布列及脆餅

composant 1

黑糖沙布列
Sablé au Kokuto

材料　便於操作的分量

奶油 ························ 40g
低筋麵粉 ···················· 80g
Ⓐ 黑糖（粉末）··········· 40g
　 鹽 ························ 0.5g

作法

1　奶油切成1cm的骰子狀，再放回冰箱冷藏。

2　低筋麵粉過篩，A也以濾網過篩好，兩樣都放入料理盆內，以打蛋器輕輕拌勻。

3　把冷卻後的奶油放入步驟2內，以刮板一邊切割一邊和粉類混合。

4　放在烘焙紙上，以雙手搓揉，捏碎成散砂狀（sablage）。以單手握緊，如果沒有感覺到奶油塊就表示OK。

5　散放於鋪好烘焙紙的烤盤內，送入預熱至160℃的烤箱內烘烤約15分鐘（中途約莫烘烤7分鐘左右時，取出烤盤前後對調再繼續）。

6　出爐後直接置涼散熱。先以雙手剝成大碎塊，再用湯匙搗碎。

composant 2

黑糖冰淇淋
Crème glacée au Kakuto

材料　8人份

Ⓐ 牛奶 ······················ 250g
　 鮮奶油（乳脂含量35%）···· 50g

Ⓑ 蛋黃 ······················ 70g
　 黑糖 ······················ 60g

Sablés au Kokuto et croquants

作法

1. B的黑糖以密度較粗的濾網過篩後備用。
2. 鍋裡放入A，加熱直到即將煮沸的狀態。 
3. 料理盆內放入B，以打蛋器混勻，加入一半分量的步驟2，混合均勻。倒回鍋中，整體攪拌均勻並加熱至83°C。 
4. 過濾至料理盆裡，盆底浸泡冰水降溫。完全冷卻後倒入冰淇淋機內並啟動。 

composant 3

香草雪酪
Sorbet à la vanilla

材料　10人份

Ⓐ 牛奶 ……………………… 450g
　 麥芽糖 …………………… 60g
　 香草莢與香草籽 ……… 1/2根
細砂糖 ……………………… 80g
穩定劑 ……………………… 3g
酸奶油 ……………………… 35g

作法

1、取一部分的細砂糖（約1/4量左右）加入穩定劑後，混合均勻備用。
2、鍋裡放入A、步驟1剩下的細砂糖，加熱。溫熱後把步驟1倒進來，一邊混合煮至沸騰。
3、過濾至料理盆裡，盆底浸泡冰水散熱冷卻。
4、加入酸奶油，以手持式均質機仔細均質。最後倒進冰淇淋機內。

composant 4

黑糖薏仁脆餅
Croquants de larmes de Job au Kokuto

材料　8人份

薏仁（烘焙顆粒）* ……… 100g
Ⓐ 黑糖 ……………………… 30g
　 沙拉油 …………………… 32g
　 鹽 ………………………… 1g
　 蜂蜜 ……………………… 36g

> *薏仁（烘焙顆粒）
> 薏仁去除外皮烘烤後的成品。
> 可以像麥片一樣直接食用

╱作法

1 料理盆裡放入薏仁。

2 鍋裡放入A，以小火加熱的同時，用矽膠刮勺攪拌，使黑糖溶解並乳化。此時如果火太大會煮成濃稠狀，要小心。

3 拌勻成柔滑的狀態後，趁熱倒入步驟1的料理盆內，整體混合讓薏仁均勻沾覆。

4 倒在鋪好烘焙紙的烤盤內（推平成跟1粒薏仁相同的高度），送入預熱至160°C的烤箱裡烘烤約15分鐘，乾燥烘烤。取出後直接置涼。

組合・呈盤

╱材料　裝飾用

黑糖（粉末）……………………………… 適量
岩鹽或鹽之花（Fleur de sel*）…………… 一小撮

1、
呈盤用的器皿（盤緣面積大、有深度的盤子）內，裝入約20g的黑糖沙布。在盤子邊緣挑一個區塊灑上黑糖。

2、
取一球橢圓形的黑糖冰淇淋及香草雪酪，放在沙布列上，再加上2大片黑糖薏仁脆餅做為裝飾。

3、
在冰淇淋上，灑上現磨的粗顆粒岩鹽，以及切成小塊狀的黑糖。

Sablés au Kokuto et croquants

* 法文「鹽之花」，意即大顆的天然海鹽。

和三盆義式奶凍麻花千層棒
APanna cotta au Wasanbon, sacristains

在和三盆口味的義式奶凍上，
加上一層李子果醬，呈現鮮明的紅白配色。
旁邊的麻花千層棒，可以沾著奶凍送入口中。
麻花千層棒也可以用義大利麵包棒（Grissini）來取代，同樣美味。

和風食材 24

和三盆

和三盆　Wasanbon
Sucre de canne fin

Data
原料　　甘蔗（竹糖）
主要產地　香川縣、德島縣
保存方法　緊閉袋口，和乾燥劑一同放入密封罐內保存。

COLONNE

「和三盆」的命名由來

原始名稱為「三盆糖」。名字的由來眾說紛紜，最可信的說法是古時為了使精製砂糖變白，而使用「盆」來研磨砂糖三次得名。如今這樣的工法仍然被保存下來，只是作法繁複費時。

● 使用範例

因為是甜味劑所以任何地方都能使用，如果可以，請在能讓和三盆特有的細緻氣味完整傳達的甜點上使用。為單純的義式奶凍增添甜度，或灑在沙布列上使用。

和三盆義式奶凍　　李子果醬

和三盆麻花千層棒　　和三盆沙布列

（和三盆）

使用蔗糖中的「竹糖」品種，以傳統方法製成的砂糖。清爽的粉末狀入口即化，具有層次感的優雅風味是其特色，多用於高級和菓子中。

確實保存

和三盆的顆粒極細，容易吸取濕氣，保存方法要確實做好。袋口封緊，和乾燥劑一起放入密封容器內保存。

用於**甜點製作**時的重點

活用極細顆粒

和三盆是粉末狀，形狀和糖粉接近，有著黑糖的風味但更為溫和。在使用上應考量如何使其魅力得到最大發揮。做為裝飾灑上，更可以感受到它細緻的顆粒；或是用來做成糖霜（Icing）。

考慮顏色的對比

為了讓和三盆的味道更為明顯，用量會較多，色澤也會帶點淡褐色。請考慮色彩的對比，再決定搭配的食材為佳。

APanna cotta au Wasanbon, sacristains

composant 1

和三盆義式奶凍
Panna cotta au Wasanbon

composant 2

和三盆李子果醬
Confiture de Wasanbon au prunes japonais

/ 材料　直徑4cm的圓柱形玻璃杯4個份

吉利丁片 …………………………… 3g
鮮奶油（乳脂含量35%）………… 250g
和三盆 ……………………………… 50g

/ 作法

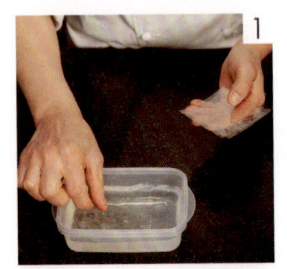

1　吉利丁片以冰水泡軟。

2　鍋裡放入鮮奶油及和三盆，點火加熱至45〜50℃。熄火，加入擰去水分的吉利丁，攪拌溶解。

3　過濾進料理盆內，盆底浸泡冰水，同時攪拌散熱直到即將凝結前。此時冷卻如果不夠徹底，之後放入冰箱冷藏時鮮奶油會分離，要多加注意。

4　等分量倒入玻璃杯內，送入冰箱冷藏固定。

/ 材料　6人份

李子 ………………………… 200g
和三盆 ……………………… 100g
NH果膠粉 …………………… 6g

/ 作法

1、李子帶皮以刀子畫一圈，轉動果肉對半分開，除去果核。切成8等份後，再切成1cm塊狀。
2、取1/5分量的和三盆，和果膠粉混合備用。
3、鍋裡放入剩下的和三盆及步驟1，點火加熱。沸騰後加入步驟2，混合拌勻，持續以中火加熱，煮至黏稠度及光澤感出現為止。
4、倒入料理盆內，盆底浸泡冰水降溫冷卻。

composant 3

和三盆麻花千層棒
Sacristanins au Wasanbon

材料　20根份

反折式千層派皮
（參考右記，切成15cm x 25cm）…… 1片
蛋白 …………………………………… 適量
和三盆 ………………………………… 適量
杏仁角 ………………………………… 適量

作法

1. 從冰箱取出反折式千層派皮，置於烘焙紙上。

2. 在表面薄塗一層蛋白（愈薄愈好），灑上杏仁角，再以濾網灑上和三盆，以雙手輕壓幫助食材結合。

3. 將派皮上下翻面，和步驟2相同，薄塗蛋白後灑上杏仁角及和三盆，以雙手輕壓幫助食材結合。

4. 切成15 x 1.5cm的長方形，每一條都轉成螺旋狀。

5. 排列於鋪好烘焙紙的烤盤內，送入預熱至170°C的烤箱內烘烤約25分鐘。出爐後直接置涼即可。

反折式千層派皮
Feuilletage inverse

材料　便於操作的分量

A　奶油 ……………………… 225g
　　低筋麵粉 ………………… 45g
　　高筋麵粉 ………………… 45g

B　低筋麵粉 ………………… 110g
　　高筋麵粉 ………………… 100g
　　鹽 ………………………… 8g
　　溶化的奶油 ……………… 68g
　　水 ………………………… 85g

作法

1、在烘焙專用電動攪拌機的鋼盆裡放入A，以勾狀攪拌頭攪拌混合。混合成麵團後從鋼盆內取出，整形成四方形，以保鮮膜包覆起來送入冰箱靜置至少2小時。

2、B也同樣以烘焙專用的電動攪拌機混合均勻，整形成跟A一樣大小的四方形後以保鮮膜包覆起來，送入冰箱靜置至少2小時。

3、把A的麵團以擀麵桿推成縱長形，長度比B長2倍。

4、在靠近身體這側，把B的麵團重疊在A上。然後把A從另一端向身體這端折進來，接著把左右兩側及靠身體這側的邊緣封合，把B的麵團完全包覆起來。

APanna cotta au Wasanbon, sacristains

5、把步驟4前後擀平,折疊成三折。把麵團旋轉90度角,再次前後擀平,這次折四折(對折再對折)。重複上一個動作,再次折三折後,折四折。

6、把麵團擀成3mm厚,以保鮮膜包覆起來,送入冰箱冷藏2小時。

組合・呈盤

／材料　裝飾用

和三盆 ……………………………… 適量

1、
在呈盤用的器皿右側,以濾茶器灑上和三盆,呈圓形。

2、
在義式奶凍已冷卻固定的璃玻杯內,裝入約40g的李子和三盆果醬。置於器皿左上方。

3、
在步驟1上,放上2根和三盆麻花千層棒。

#4

米穀粉
Farine de riz

白玉丸子與蘋果可麗餅
Crêpe de Shiratama et pommes

混合了白玉粉做成的可麗餅餅皮，好吃的訣竅在於烤到外側變脆。
用白玉丸子當成其中一種配料，雖然味道較淡薄，
但其他搭配的元素就能擁有多種變化，也是好處之一。
在麵糊裡混入水果泥也是很有趣的作法。

和風食材 25

白玉粉

白玉粉　Shiratama
Farine de riz gluant

Data
原料　　　糯米
保存方法　密封後存放於暗處（避免陽光直曬）

（白玉粉）

糯米吸水後研磨，再以清水浸泡後所得到的沉澱物，將其乾燥後而成。用來做成求肥、白玉丸子、櫻餅等和菓子。因為在天氣寒冷時，於水中浸泡10天左右而成，因此又有「寒晒粉」之稱。

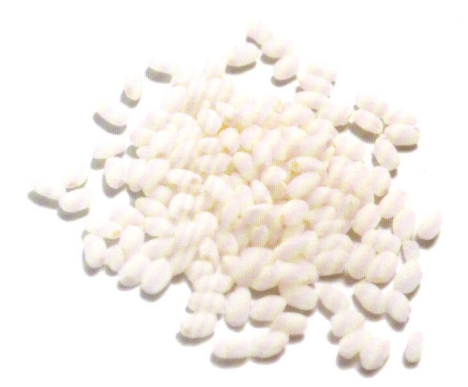

（原料為糯米）

由於以糯米做為原料，所以跟以粳米做成的上新粉相比，白玉粉的口感更為柔軟滑潤，具有延展性。

● 使用範例

和麵糊類混合後烘烤
只要和可麗餅或蛋糕卷等的麵糊一起混合，加熱後就會有彈牙的口感。也可以用於水果貝涅餅的麵團裡。

西點口味的白玉丸子
在和菓子中大家都不陌生的白玉丸子。如果在麵團裡加入抹茶、咖啡或水果泥，成品也會很有意思。

可麗餅餅皮 　　　白玉丸子

用於**甜點製作**時的重點

在尚未變硬前使用
無論是白玉粉、上新粉或糯米粉，只要是以米穀粉所製作的食物，由於麵糊裡不含砂糖，隔天就會變硬，要多加留意。白玉丸子做好後就浸在冰水裡保存，當天就要使用。

可活用各式顏色的樂趣
由於白玉丸子味道淡薄，只要把一起混合使用的食材做點更改，就能有許多變化。或是加入食用紅色素，做成彩色丸子也行。

Crêpe de Shiratama et pommes

composant 1

白玉可麗餅餅皮
Pâte à crêpe au Shiratama

／材料 直徑18cm的餅皮10片份

白玉粉	50g
牛奶	250g
全蛋	50g
Ⓐ 低筋麵粉（過篩）	60g
鹽	0.3g
細砂糖	10g
檸檬皮	1/2顆份
香草籽	1/4根
融化奶油	30g
奶油（烤可麗餅用）	適量

／作法

1. 料理盆裡放入白玉粉、約1/4分量的牛奶，以矽膠刮勺磨擦盆底的手法，把白玉粉的結塊壓開，同時混合均勻。

2. 剩下的3/4分量牛奶裝入耐熱容器內，加熱至人體體溫程度後，加入全蛋，混合拌勻。

3. 另取一料理盆放入A，先加入少量的步驟2，以打蛋器仔細攪拌混合直到麵粉產生筋性後，再慢慢加入剩下的步驟2，同時攪拌均勻。

4. 接著把步驟1倒進來，混合拌勻，最後加入融化奶油，仔細混合攪拌直到整體乳化。以保鮮膜加蓋，送入冰箱冷藏約1小時。

5. 取一個直徑24cm的平底鍋，以小火加熱少許奶油，溶化後推勻整個鍋面，再以廚房紙巾稍微擦拭過。以湯勺混合步驟4的麵糊後*，取70～80g倒入鍋內，接著立刻傾斜平底鍋並旋轉，讓麵糊完整散開。

6. 加熱至邊緣至略帶焦色後，即可翻面。剩下的麵糊也以同樣方式加熱。

composant 2

蘋果水梨果醬
Marmelade pomme / poire japonais

136　白玉丸子與蘋果可麗餅

＊由於麵粉會沉在盆底，所以一定要先混合過後再加熱。

/ 材料　6人份

蘋果	140g
水梨	140g
檸檬汁	20g
香草莢與香草籽	1/4根
肉桂粉	1g
Ⓐ 細砂糖	20g
NH果膠粉	2g

/ 作法

1、蘋果及水梨去皮去芯，切成1cm塊狀。
2、鍋裡放入步驟1、檸檬汁、香草莢、肉桂粉，偶爾攪拌一下，煮至水果呈半透明狀。
3、加入混合好的A後，煮至沸騰。熄火離開火源，直接置涼冷卻。

composant 3

香草冰淇淋
Crème glacée à la vanilla

/ 材料　便於操作的分量

Ⓐ 牛奶	240g
鮮奶油（乳脂含量35%）	160g
香草莢與香草籽	1/2根
蛋黃	120g
細砂糖	80g

/ 作法

1、鍋裡放入A，加熱直到即將煮沸前的狀態。
2、料理盆內放入蛋黃及細砂糖，以打蛋器攪拌混合後，加入步驟1混合均勻。
3、步驟2倒回鍋內，以中火加熱同時持續攪拌，直到溫度到達83°C。
4、過濾進料理盆內，盆底浸泡冰水，同時攪拌直到降溫冷卻後，倒入冰淇淋機內並啟動。

白玉丸子
Boules de Shiratama

/ 材料　25顆份

白玉粉	100g
Ⓐ 原味優格	40g
水	50g

/ 作法

1　仔細均勻混合好A。料理盆裡放入白玉粉、約3/4分量的A，以雙手混合揉勻。慢慢加入剩下的A，最後揉合調整成像耳垂的硬度。

2　捏一小球步驟1，揉成2cm大小的圓球狀，以雙手掌心稍為壓扁，中央略為按出凹槽。

3　以沸水燙煮，浮起後撈至冰水內。如果距離呈盤還有一段時間的話，就浸於冰水裡送入冰箱暫存。

Crêpe de Shiratama et pommes

composant 4

白玉丸子焦糖蘋果
Shiratama et pommes caramélisés

/ 材料　直徑18cm的可麗餅5片份

白玉丸子（參考P.137）	適量
蘋果	1顆
細砂糖	30g
檸檬汁	10g
白蘭地	10g

/ 作法

1、蘋果去皮去芯切成8～12等份的半月形。平底鍋以中火加熱細砂糖，待砂糖變成焦糖色後加入蘋果，大動作翻攪混合。

2、倒入檸檬汁後混合均勻（如果希望蘋果煮得軟一點，此時可加入適量的水再微煮一會）。接著加入白玉丸子及白蘭地，在表面點火以揮發酒精。

組合・呈盤

/ 材料　裝飾用

糖粉	適量
肉桂粉	適量

1、以平底鍋微微加熱白玉可麗餅餅皮。把四邊內折成正方形，置於呈盤用的盤子內。

2、在可麗餅皮上塗抹大量的蘋果水梨果醬，然後選一側放上焦糖白玉丸子蘋果，另一側留出空白。

3、在步驟2空下來的地方，放上一球橢圓形的香草冰淇淋。在可麗餅的2個對角灑上糖粉，在冰淇淋上灑上肉桂粉。

道明寺粉凍吉拿棒
Gelée au Domyoji et ses churros

充滿夢幻氣息的杯中，有道明寺粉的白色顆粒在果凍裡飛舞，
這道甜點的構想來自於和菓子的「道明寺羹」。
在麵糊中混入了道明寺粉做成的吉拿棒，
油炸後有著似有若無的炸年糕口感，相當有趣。

和風食材 26

道明寺粉

道明寺粉　Domyoji
Riz gluant séché écrasé

Data
原料　　　糯米
保存方法　密封後存放於暗處（避免陽光直曬）

（ 道明寺粉 ）

糯米泡水後蒸過，經過乾燥再磨成粗的顆粒粉狀。由一千年前大阪藤井市內的尼姑庵道明寺所製作的一款保久食品「道明寺糒」變化而來。

（ 原料為糯米 ）

由於原料是糯米，所以口感彈牙。

COLONNE

道明寺櫻花餅

關西的櫻花餅會使用道明寺粉。道明寺粉染成粉紅色後，包入紅豆餡而成。

● 使用範例
泡軟後使用

想把道明寺粉以水泡軟後直接使用的話，泡水時可以微波加熱，或是在鍋子裡微微加熱，把米芯煮透即可。

道明寺粉凍

泡熱水變軟後再混合其他材料

若是後面需要經過蒸煮、油炸等步驟的話，先以熱水泡過後再使用，這樣道明寺粉的米芯比較不會殘留。

道明寺粉吉拿棒

炒過變成粒粒分明

以平底鍋小火把乾燥後的道明寺粉炒成褐色，就會變成充滿香氣、有如糖霜顆粒般的口感。

炒道明寺粉顆粒

直接油炸

把乾燥過後的道明寺粉以沙拉油油炸後，就變成白色的油炸顆粒。可用於油炸麵衣。

油炸道明寺粉顆粒

用於**甜點**製作時的重點

依喜好調整顆粒大小

道明寺粉的粗細程度，從整顆到1/2顆、1/3顆、1/4顆都有。顆粒粗的口感彈牙，顆粒細的口感滑潤。請依個人喜好挑選。

依據水的分量及加熱時間長短，軟硬度有所不同

喜歡口感偏軟的人，配合的水量及加熱時間都要增加。使用於果凍（P.141）等材料中時，會因為時間關係而吸收水分變得膨脹，所以要把這個因素一併考量，而把道明寺粉處理得硬一點。

composant 1

道明寺粉凍
Gelée de Domyoji

／材料　5～6人份

- Ⓐ 細道明寺粉（1/2顆粗） ……… 30g
  　水 ……………………………… 50g

- Ⓑ 水 ……………………………… 170g
  　檸檬汁 ………………………… 30g
  　細砂糖 ………………………… 85g
  吉利丁片 ………………………… 5g

／作法

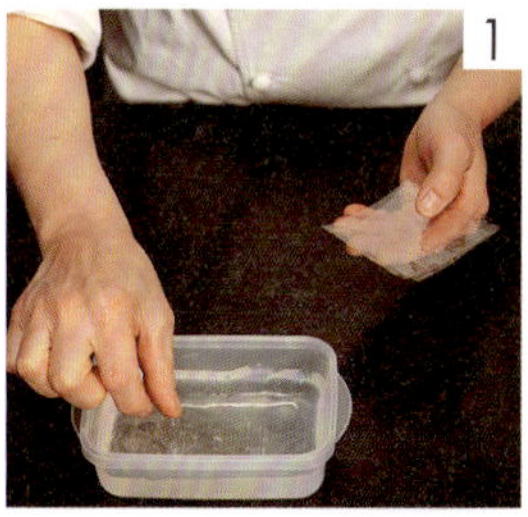

1. 吉利丁片浸冰水泡軟。
2. A裝入耐熱容器內，以微波爐1000W加熱15秒。取出後以保鮮膜加蓋，靜置悶蒸30分鐘。 
3. 鍋裡放入B、步驟2，再加入擰去水分的吉利丁後，攪拌溶解。 
4. 倒入料理盆內，盆底浸泡冰水，同時攪拌直到徹底冷卻。 

composant 2

道明寺粉吉拿棒
Churros au Domyoji

／材料　15人份

- Ⓐ 道明寺粉（1/2顆粗） ………… 30g
  　熱水 …………………………… 60g

- Ⓑ 牛奶 …………………………… 65g
  　水 ……………………………… 65g
  　奶油 …………………………… 50g
  　鹽 ……………………………… 3g
  　細砂糖 ………………………… 3g
  低筋麵粉 ………………………… 100g
  全蛋 ……………………………… 85g

- Ⓒ 細砂糖 ………………………… 適量
  　肉桂粉 ………………………… 適量
  油炸用油（沙拉油） ……………… 適量

／作法

1. 耐熱容器裡放入A後，靜置悶蒸30分鐘，再以濾網瀝去水分。

Gelée au Domyoji et ses churros

2 製作吉拿棒麵糊。鍋裡放入B，煮沸後熄火，加入過篩後的低筋麵粉，以矽膠刮勺攪拌混勻。

3 再次以中火加熱，仔細攪拌直到整體均勻受熱、粉末消失。

4 步驟3倒入料理盆內。每次少量加入打散的全蛋，加入後都要攪拌均勻，最後加入步驟1的道明寺粉。

5 在料理鋼盤裡倒入C的細砂糖及肉桂粉，混勻。

6 擠花袋裝上星星形狀花嘴後，裝入步驟4，在加熱至180°C的油鍋內，擠入長度適當的長條狀後，以剪刀剪斷。油炸至顏色變成棕紅即可。

7 瀝去多餘油分，放入步驟5的肉桂砂糖裡沾裹。

composant 3

草莓果醬
Marmelade de fraises

/ 材料　6人份

草莓 ·························· 200g
肉桂棒 ························ 1根
檸檬汁 ························ 10g
Ⓐ 細砂糖 ······················ 20g
　 NH果膠粉 ···················· 4g

/ 作法

1、草莓切去蒂頭較硬的部位，再切成4等份。混合好A備用。
2、鍋裡放入草莓、肉桂棒、檸檬汁，偶爾以矽膠刮勺攪拌一下，加熱煮至草莓變軟、果肉分散的狀態。
3、加入A後混合拌勻，煮至沸騰。直接置涼冷卻即可。

composant 4

香草雪酪
Sorbet à la vanille

/ 材料　15～16人份

- Ⓐ 牛奶 ……………………… 450g
  鮮奶油（乳脂含量35%）……… 50g
  麥芽糖 …………………… 60g
  香草莢與香草籽 …………… 1/2根

- Ⓑ 細砂糖 …………………… 30g
  脫脂奶粉 ………………… 20g
  穩定劑 …………………… 3g

  煉乳 ……………………… 80g

/ 作法

1、鍋裡放入A後加熱。倒入混合好的B，加熱至85°C。
2、把步驟1過濾進料理盆內，加入煉乳，混合拌勻。
3、盆底浸泡冰水，同時一邊攪拌直到降溫冷卻後，倒入冰淇淋機內並啟動。

組合・呈盤

/ 材料　裝飾用

草莓 ………………………… 1人份3顆

1、
草莓去蒂，取一半分量對半切開，剩下的切成4等份備用。以大湯匙取一球約40g的香草雪酪，整成圓形後放入玻璃杯中。上面加上30g的草莓果醬。

2、
加上約40g道明寺粉凍，再放上草莓果肉。

3、
呈盤用的器皿上，放上步驟2，再配上吉拿棒。

Gelée au Domyoji et ses churros

上新粉脆片及巧克力花生
Chips de Joshinko, chocolat et cacahouètes

主角是以上新粉所做成的脆片。
靈感則是來自里昂地區的油炸點心「Bugnes」。
由於質地細密,因此推成薄片狀,也以輕盈的方式做調味。
有如瓦片煎餅般的獨特口感,十分有趣。

和風食材 27

上新粉

上新粉　Joshinko
Farine de riz

Data
原料　　　米（粳米）
保存方法　密封後，存放於暗處（避免陽光直曬）。由於是未經過加熱製作的粉類，可能有蟲類附著，要盡早使用完畢。

（上新粉）

經過精製後的生米（粳米）洗淨乾燥後磨碎而成。細密而緊緻，特色是黏度低、入口清爽。用於丸子、外郎餅、壽甘及仙貝等和菓子之中。還有一種比上新粉粒子更細的「上用粉」。

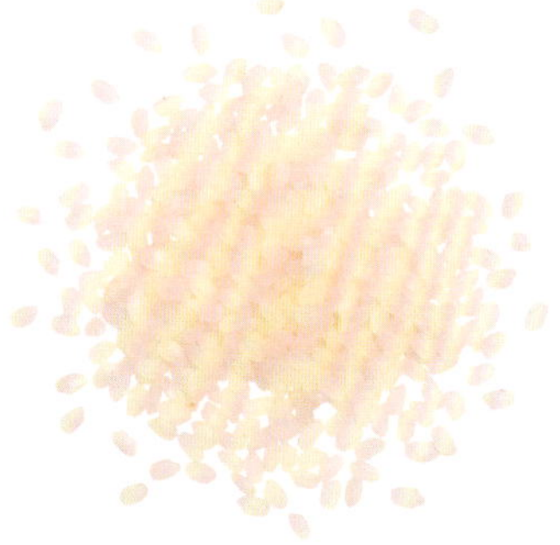

● 使用範例
做為米穀粉用

可以與其他粉類混合使用，製作海綿蛋糕、上新粉脆片（P.146）、沙布列、麵包等。

上新粉脆片

（原料為粳米）

上新粉的原料，就是日本人的主食——粳米。比起糯米，粳米口感更為清爽。

做成花式湯圓

固定以上新粉來製作的小丸子，可以在麵糊裡加入可可粉、抹茶粉、花生醬、現磨柑橘皮等一起混合。只要把上新粉和熱水一起揉合後，蒸約15分鐘後，以擀麵棍拍打出彈性後，搓成圓形便完成。在麵糊裡加入砂糖一起揉拌，就算過一段時間也不會變形。

花式湯圓

用於**甜點**製作時的重點

強調無麩質
上新粉是米穀粉，所以無麩質。可以抓住這個重點來構思甜點的內容。

可以混用達到麵粉類的口感
雖然上新粉可以做為所有麵粉的替代品，但由於它是米穀粉，最後的質地會變得略有彈性且緊實。如果希望口感清爽，可以混合麵粉或玉米粉一起使用。

丸子在使用的當天製作
用上新粉做的丸子，如果隔天才使用會變硬，當天做好就在當天使用。

Chips de Joshinko, chocolat et cacahouètes

composant 1

上新粉脆片
Chips de Joshinko

／材料　18人份

- Ⓐ 上新粉 ·························· 100g
  　鹽 ·································· 2g
  　細砂糖 ···························· 10g
  　全蛋 ······························ 56g
  　現磨檸檬皮 ················ 1/4顆份
  　現磨柳橙皮 ················ 1/4顆份
- 奶油 ·································· 14g
- 油炸用油（沙拉油）············ 適量

／作法

1. 奶油置於室溫下退冰變軟。料理盆裡放入A以刮板全部混合均勻。

2. 以雙手揉捏步驟1，最後加入奶油，整形成麵團狀。

3. 以2片3X50cm的OPP保護膜把步驟2上下夾住後，以擀麵棍推成1mm厚。撕下正面的OPP保護膜，靜置約15分鐘（直到麵團變得不黏手的狀態），讓表面乾燥。

4. 再撕去底部的OPP保護膜，切開成約莫5cm大的菱形。

5. 以180°C的油鍋炸至棕紅色。

composant 2

巧克力雪酪
Sorbet au chocolat

／材料　12人份

- 黑巧克力 ·························· 115g
- 可可膏（cocoa mass）········ 110g
- 牛奶 ······························ 500g
- 麥芽糖 ······························ 60g
- Ⓐ 細砂糖 ···························· 60g
  　穩定劑 ······························ 2g

／作法

1、混合好A備用。

2、料理盆裡放入切碎的黑巧克力、可可膏。

3、鍋裡放入牛奶及麥芽糖後加熱，加入A後混合拌勻，煮至沸騰。趁熱倒入步驟2內，以手持式均質機均質，使整體乳化。

4、盆底浸泡冰水，同時持續攪拌直到散熱冷卻。倒入冰淇淋機內並啟動。

composant 3

巧克力花生脆餅
Croquant chocolat / cacahouètes

材料　6人份

- Ⓐ 黑巧克力 …………………… 16g
  - 牛奶巧克力 ………………… 16g
  - 花生帕林內（參考右記）…… 20g
- Royaltine薄餅碎片 …………… 60g
- 花生 …………………………… 30g
- 糖漬柳橙（市售成品即可）…… 30g

作法

1、料理盆裡放入Ⓐ，隔水加熱溶化。加入薄餅碎片、切碎的花生、切碎的糖漬柳橙，仔細混合均勻。
2、倒入鋪有OPP保護膜的托盤內，略為推散開。送入冰箱冷藏固定。

---

composant 4

花生香緹鮮奶油
Chantilly cacahouétes

材料　6人份

- 鮮奶油（乳脂含量35%）……… 100g
- 花生帕林內（參考右記）……… 36g

作法

1、鮮奶油打發成六分發，加入花生帕林內，混合拌勻。

花生帕林內
Praliné cacahouètes

材料　便於操作的分量

- 花生 ……………………………… 100g
- Ⓐ 水 …………………………… 20g
  - 細砂糖 ……………………… 60g

作法

1、鍋裡放入Ⓐ後以中火加熱，煮至120°C，濃縮質地。
2、熄火，加入花生後快速俐落地攪拌均勻，讓花生顆粒都包覆到砂糖而呈現白色的結晶狀。連鍋底也有一層白色結晶、花生都分散開來即可。
3、再次以中火加熱，持續混合直到砂糖溶解成棕色的焦糖狀。
4、把步驟3倒在烘焙紙上，散熱冷卻。
5、倒入研磨機或食物處理機內，攪拌成柔滑的抹醬狀。

Chips de Joshinko, chocolat et cacahouètes

composant 5

巧克力醬
Sauce au chocolat

/ 材料　18人份

黑巧克力（可可成分70%）	70g
花生醬（不含顆粒）	20g
Ⓐ 牛奶糖	120g
細砂糖	12g
酸奶油	15g

/ 作法

1、料理盆裡放入巧克力及花生醬。加入煮沸的Ⓐ，仔細拌勻。
2、加入酸奶油，以手持式均質機仔細均質。盆底浸泡冰水，降溫冷卻。

組合・呈盤

/ 材料　裝飾用

糖粉 …………………………… 適量

1、
在呈盤用的器皿內放入約15g的巧克力醬。在上面加上約25g敲碎的巧克力花生脆餅。

2、
各取一球橢圓形的巧克力雪酪及花生香緹鮮奶油，堆疊於步驟1上。

3、
插上3片上新粉脆片，最後灑上糖粉。

#5

天然植物凝膠
Gélifiants naturels

蕨餅蜜柑圓餅
Disque de Warabimochi et mandarins

最初想把切成圓形的蕨餅,以漢堡形式層疊起來,
沒想到蕨餅本身的彈性驚人,只好緊急稀釋蕨餅的濃度,
才能包覆住蜜柑的邊緣。
多汁的蜜柑及富有嚼勁的蕨餅,組合起來真是魅力無邊。
鮮明的色彩搭配也讓人心喜。

和風食材 28

蕨粉

わらび粉　Warabi
Tubercule de fougère en poudre

Data
原料　　　蕨菜根、番薯、木薯等的澱粉
主要產地　本蕨粉產於南九州、奈良縣、歧阜縣飛驒市
保存方法　密後存放於沒有陽光直曬的地方。容易發黴請盡快使用

（ 蕨粉 ）

最初指的是從蕨菜的根部採取的澱粉，現在由於蕨菜物以稀為貴，多為混合了番薯或木薯的澱粉後製成。用法皆為溶於水中後加熱產生黏性。

（ 原料為蕨菜根 ）

以春季野菜——蕨菜的菜根做為原料，所以稱為「本蕨粉」。從根部採取澱粉後乾燥製成。

● 使用範例

攪拌後變成蕨餅

這是最正統的蕨粉用法。蕨粉溶解於水中，加熱後攪拌產生黏性，最後就成為蕨餅。雖然有完全透明的蕨餅，但若是用本蕨粉來製作，成品則會是灰褐色。灑上黃豆粉後食用。

和麵粉類混合後做成餅乾

把蕨粉研磨成粉末狀，再和低筋麵粉混合，可以做成餅乾或沙布列。口感濕潤有彈性，相當特別。

蕨餅　　　　　　蕨粉手指餅乾

用於**甜點製作**時的重點

本蕨餅要在完成後幾個小時內食用完畢

本蕨餅濕潤又充滿彈性的口感只會停留於室溫下約1小時左右，所以製作完成後要立刻使用。（不過如果有混合其他澱粉的話，時間可再持久一點）

運用其濕潤、充滿彈性的特色

蕨餅的彈性十足，所以可多利用此一口感上的特徵來發揮。此外，如果比例上本蕨粉占多數的話，最後完成的蕨餅會呈現灰褐色，先把這個重點考慮進來，再延伸構想也不錯。

Disque de Warabimochi et mandarins

composant 1

蕨餅
Warabimochi

/ 材料　6~8人份

蕨粉	50g
細砂糖	20g
水	120g
Ⓐ 檸檬汁	20g
麥芽糖	50g
現磨檸檬皮糖	1/4顆份

/ 作法

1. 鍋裡放入蕨粉、細砂糖、水，混合溶解後備用。

2. 把A裝入耐熱容器內混合均勻，微波加熱至40°C左右，讓麥芽糖變軟化開。倒入步驟1內，混合拌勻。

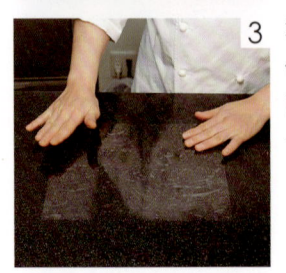

3. 準備2張約30cm的OPP保護膜，在工作枱的枱面噴灑一層酒精後，貼合固定1張OPP膜。

4. 以中火加熱。持續不停地以矽膠刮勺攪拌，直到蕨粉產生黏性、並且凝結成團後，繼續攪拌2~3分鐘，一直到產生韌性及光澤度為止。

5. 把步驟4放在步驟3的OPP保護膜上，再以另一片OPP膜蓋住，用擀麵棍推開成2~3mm厚。放入料理鋼盤內，送入冰箱冷藏1小時。

6. 刮板沾水，慢慢撕下OPP保護膜。取與「糖燉蜜柑」相同大小的慕斯圈，切下蕨餅。

composant 2

蕨粉手指餅乾
Biscuits à la cuillère au Warabi

/ 材料　12~15人份

蕨粉	40g
低筋麵粉	36g
蛋白	100g
細砂糖	60g
蛋黃	56g

作法

1. 蕨粉以研磨機磨成粉末狀，跟低筋麵粉混合後過篩備用。

2. 料理盆裡放入蛋白後，以手持式電動攪拌機略為攪拌混合。加入細砂糖，最後打發成撈起時呈針尖狀的固體硬式蛋白霜。再依序加入步驟1、蛋黃，同時以矽膠刮勺以盡量不破壞氣泡的方式混合均勻。

3. 擠花袋裝上10mm的圓形花嘴，裝入步驟2，在鋪好烘焙紙的烤盤內，以畫螺旋的方式擠出圓形麵糊，尺寸略小於「糖燉蜜柑」（右記）的直徑。

4. 送入預熱至170°C的烤箱內，烘烤約20分鐘。出爐後置涼散熱即可。

composant 3

蜜柑果醬
Marmelade de mandarins

材料　便於操作的分量

溫州蜜柑	淨重250g
香草莢與香草籽	1/4根
檸檬汁	50g
Ⓐ 細砂糖	12g
NH果膠粉	5g

作法

1、蜜柑洗淨，帶皮切碎。混合好A備用。
2、鍋裡放入蜜柑、香草莢、檸檬汁，混合後煮沸。
3、倒入A，暫時取出香草莢，以手持式均質機均質後，放回香草莢再次煮沸。

composant 4

糖燉蜜柑
Mandarine pochées

材料　12人份

溫州蜜柑	4個
Ⓐ 水	300g
細砂糖	60g
檸檬汁	20g
芫荽籽（完整顆粒）	4g

作法

1、蜜柑剝去外皮，從側面橫向切片為1cm厚，並列於耐熱容器裡
2、鍋裡加熱A做成糖漿，趁熱倒入步驟1內。散熱冷卻後，以保鮮膜緊貼表面的方式加蓋（不讓空氣進入），送入冰箱冷藏一晚。

Disque de Warabimochi et mandarins

composant 5

香草冰淇淋
Crème glacée à la vanilla

/ 材料　15人份

Ⓐ 牛奶 ……………………… 240g
　鮮奶油（乳脂含量35%）…… 160g
　香草莢與香草籽 …………… 1/2根
蛋黃 ………………………… 120g
細砂糖 ……………………… 80g

/ 作法

1、鍋裡放入A，加熱直到即將沸騰的狀態。
2、料理盆裡放入蛋黃、細砂糖，攪拌混合均勻，加入步驟1，混合拌勻。倒回鍋裡，整體混合攪拌的同時，加熱至83°C。
3、步驟2過濾進料理盆內，盆底浸泡冰水，同時攪拌散熱冷卻。倒入冰淇淋機內並啟動。
4、冰淇淋完成後，倒入鋪好保鮮膜的料理鋼盤內，高度約為1cm，然後送入冷凍庫內冷凍固定。之後用與「糖燉蜜柑」相同直徑的慕斯圈切下，再次送入冷凍庫內冷卻。

組合・呈盤

/ 材料　裝飾用

銀箔　　適量

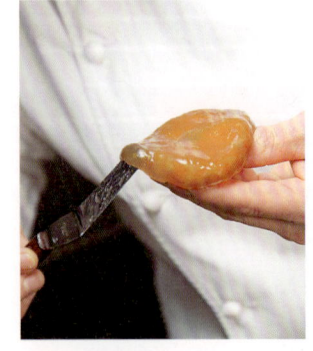

1、糖燉蜜柑置於廚房紙巾上吸去多餘水分。在蜜柑上方放一片蕨餅，拉開邊緣，使蕨餅蓋住蜜柑的側面。置於托盤上備用。

2、在呈盤用盤子內，放上比「糖燉蜜柑」（P.153）再稍大一些的慕斯圈，在裡面鋪上約15g的蜜柑果醬。果醬上面放上一片蕨餅，然後撤掉慕斯圈。

3、把蕨粉手指餅乾上下翻面（使較平整面朝上），重疊於步驟2上。然後疊上香草冰淇淋。

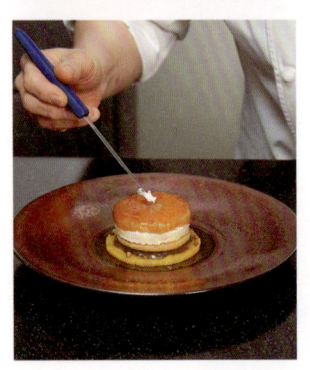

4、在步驟3上面放上步驟1，最後再以銀箔做裝飾。最後灑上用於糖燉蜜柑裡的芫荽籽。

百香果葛粉條及
葛粉榛果法式布丁

Gelée de Kuza au fruit de la passion,
flan au Kuzu et praliné noisette

本葛粉是我的老家靜岡縣掛川市的名產之一，
從以前到現在都是廣為人知的食材。
我在定番的葛粉條加入了熱帶水果泥，變成洋風和菓子風格。
思索著既然是「粉」類，那麼也可以用來做烤箱甜點，
在不斷的錯誤嘗試後，
完成了這道類似布丁，口感潤澤有彈性的烤箱甜點。

和風食材 29

葛粉

葛粉　Kuzu
Racine de Kudzu en poudre

Data
原料　葛根
主要產地　奈良縣（吉野葛）、宮城縣（白石葛）、靜岡縣（掛川葛）、三重縣（伊勢葛）等等
保存方法　密封後存放於沒有陽光直曬的地方，並盡早使用完畢

（葛粉）

把葛根裡的澱粉浸泡於水中，經過乾燥後製成的粉。用於葛粉條、葛餅、勾芡、葛湯、葛根湯（中藥）之中。除了100%以葛根製成的本葛粉之外，也有混合了馬鈴薯或番薯澱粉製成的葛粉。

注意！
完成後立刻食用
葛粉條或葛粉的Q彈口感只能持續1〜2小時，時間太久顏色便會變白變濁，口感也會變差。所以完成後要立刻食用。

完成時

經過數小時後

（原料為葛根）

葛為豆科的攀緣多年生植物，是秋之七草的其中之一。採取根部的澱粉製成。

用於**甜點**製作時的重點

葛粉條用果汁調味
葛粉條透明無色，溶解葛粉時可以加入果汁，用來調味調色。不過若含有酵素或酸度太強的果汁，會使葛粉變硬，要多加注意。

活用Q彈口感
葛粉嘗起來幾乎沒有味道，所以重點會放在它Q彈的口感上。用來搭配的食材特色也要夠鮮明。

● 使用範例

葛粉條或葛餅
把溶在水裡的葛粉，水煮後就變成葛粉條，加熱同時攪拌就會變成葛餅。

混在粉類裡烘烤
把葛粉以研磨機磨成粉末後，混入麵糊裡再送入烤箱，就會變成柔軟又有彈性的口感，相當有趣。

用來增加醬汁的稠度
和太白粉相同用法，把葛粉溶於水中加在液體裡，加熱後就會產生黏稠度。

葛粉條

葛粉榛果法式布丁

156　百香果葛粉條及葛粉榛果法式布丁

composant 1

百香果葛粉條
Gelée de Kuzu au fruit de la passion

材料　8人份

葛粉	75g
Ⓐ 水	110g
百香果泥	50g
芒果泥	25g
萊姆汁	4g
細砂糖	45g

作法

1. 鍋裡放入 A，點火加熱，持續攪拌直到溫度達到與人體體溫接近的程度。

2. 料理盆裡放入葛粉、步驟1，仔細混合均勻後，過濾。

3. 選一個大小能放入平底鍋內的料理鋼盤，倒入步驟2，高度為2mm。由於葛粉會沉澱，所以馬上接著加熱。

4. 平底鍋煮沸熱水，以料理夾之類的工具固定住料理鋼盤，使其浮在平底鍋內。加熱約3～4分鐘，葛粉固定後，就可以讓整個料理鋼盤完全浸入熱水中，持續煮至葛粉變成透明狀態。

5. 在一個大的料理盆內準備好冰水，取出步驟4的鋼盤，整個放入冰水裡。完全冷卻後，以刮板剝下葛粉。

6. 切成1cm的長條狀，再放回冰水裡暫存備用。

composant 2

葛粉榛果法式布丁
Flan au Kuzu et praliné noisette

材料　直徑6cm x 高2cm的圓形矽膠模型12個份

葛粉	60g
Ⓐ 牛奶	140g
水	140g
細砂糖	70g
榛果醬	90g
牛奶巧克力	54g
糖粉	適量

作法

1. 鍋裡放入A，以小火加熱，持續混合直到溫度到達40°C。熄火後加入葛粉，以手持式均質機均質。

2. 再次加熱，換以矽膠刮勺攪拌。感覺開始凝固變硬後，立刻熄火離開火源，持續攪拌直到顆粒狀完全消失、整體質地柔軟滑順。

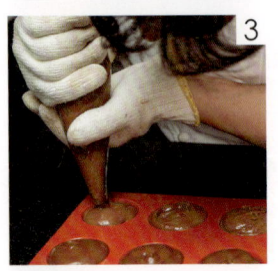

3. 步驟2裝入擠花袋內，擠入矽膠模型。蓋上保鮮膜整平表面，直接置涼散熱即可。

4. 把高出矽膠模型的部分以抹刀刮去。蓋回保鮮膜，上下翻面後移除模型。

5. 配合呈盤的時間點開始烘烤。在鋪好烘焙紙的烤盤內放入4個布丁，送入預熱至180°C的烤箱烘烤20～25分鐘。出爐後灑上糖粉。

---

composant 3

牛奶巧克力冰淇淋
Crème glacée chocolat au lait

材料　15人份

- Ⓐ 牛奶 ………………………… 400g
  鮮奶油（乳脂含量35%）…… 100g
- 蛋黃 ………………………… 90g
- 細砂糖 ……………………… 70g
- 帕林內 ……………………… 50g
- 牛奶巧克力 ………………… 100g

作法

1、鍋裡放入A後加熱，煮至即將沸騰前的狀態。
2、料理盆裡放入蛋黃、細砂糖混合攪拌後，加入步驟1整體混合拌勻。倒回鍋裡加熱，持續混合攪拌直到83°C。
3、倒入料理盆內，趁熱加入帕林內、牛奶巧克力，再以手持式均質機均質。
4、料理盆底浸泡冰水，均質直到降溫冷卻。倒入冰淇淋機內並啟動。

---

composant 4

百香果芒果醬
Sauce passion / mangue

/ 材料　16人份

百香果泥	100g
芒果泥	50g
水	40g
細砂糖	80g
現磨粗顆粒黑胡椒	2g

/ 作法

1、鍋裡放入所有材料後煮沸。倒入料理盆內，盆底浸泡冰水，攪拌混合直到散熱冷卻。

composant 5

焦糖堅果
Fruits secs caramélisés

/ 材料　便於操作的分量

Ⓐ
帶皮完整杏仁（烘烤過的成品*1）	75g
去皮榛果顆粒（烘烤過的成品*2）	75g

Ⓑ
水	17g
細砂糖	50g

/ 作法

1、鍋裡放入B後以中火加熱，煮至濃縮、溫度到達120°C。
2、熄火，加入A後快速俐落地混合均勻，使堅果周圍都包覆上一層白糖（結晶化）。
3、連鍋子底部也覆蓋一層白糖、堅果各自散開不相黏後，再次以中火加熱，持續攪拌混合直到砂糖溶化、變成茶色的焦糖狀。
4、步驟3散放於烘焙紙上，散熱冷卻。

組合・呈盤

/ 材料　裝飾用

銀箔	適量

1、以刀子側面輕輕壓碎少許的焦糖堅果，放一小堆在呈盤用的器皿中央。

2、取一個小玻璃杯，放入百香果葛粉條，再淋上百香果芒果醬。以銀箔裝飾後，放在呈盤器皿左後方。

3、取一球橢圓形的牛奶巧克力冰淇淋，置於步驟1上。器皿的右前方放上剛出爐的布丁，上面再擺放焦糖堅果。

*1、2皆以預熱至160°C的烤箱烘烤約20分鐘

Gelée de Kuza au fruit de la passion, flan au Kuzu et praliné noisette

和風食材 30

寒天

寒天　Kanten
Agar-agar

Data
原料　　　洋菜、紅褐藻
主要產地　長野縣諏訪地區、京都
保存方法　避開陽光直曬及高溫潮濕的環境，常溫保存

（寒天粉）
把熬煮的洋菜液凝固後乾燥，加工製成粉末狀。用水就能還原，溶於水後即可使用，近年來相當受歡迎。

（寒天棒）
又稱為角寒天。是長野縣諏訪地區的名產，把洋菜或紅褐藻熬煮後的液體，經過凝固、凍結、乾燥後製成。要讓寒天邊角都軟化，需要泡水半小時～1小時，之後撕成小塊，以鍋子煮至透明、溶化開來後使用。富含食物纖維且幾乎零熱量。

（寒天絲）
製造方法雖與寒天棒相同，不過為凝固後推成細長條狀後再凍結，之後乾燥完成。主要以洋菜製作，比寒天棒更不容易溶解，韌性及彈性都強，成品帶有透明感。

● 使用範例
用於心太、蜜豆、羊羹之中。其魅力在於口感似有若無、入口即化，使用於夏季和菓子、淡雪羹，或在蛋白裡加入寒天液的食材裡。

紅豆淡雪羹（P.16）

用於**甜點**製作時的重點

用於製作健康取向的甜點
寒天的特色就是它獨有的彈牙、輕脆口感。入口後的清爽感受，以及來自於海藻的凝固劑，適合用於製作健康取向的甜點。

不要加入會因加熱而變質的食材
寒天泡水化開後，需要煮沸才能溶解。因此無論想在寒天裡加入任何食材，請避免選擇遇熱後顏色、風味會變質的品項。

溶化後立刻使用
煮沸溶化後的寒天，凝結的溫度（40～50°C）很高。因此置於常溫下就會變硬，所加入的食材一定要先加熱，要倒入模型內也要盡快。這些重點需要注意。

#6
茶
Thé

煎茶捲及煎茶法式冰沙
Rouleaux au Sencha et son granité

最能夠徹底嘗到煎茶滋味的吃法，就是直接吃到茶葉。
在我的故鄉、同時也是茶之鄉的掛川，會以茶葉入天婦羅或做成拌飯香鬆。
看過這樣的吃法後我完全信服，也成為我的靈感來源。
三樣主要食材的煎茶、柑橘類、巧克力，
則是以它們的共同性「苦味」做為構思食譜的重點。

和風食材 31

煎茶

煎茶　Sencha
Thé vert

Data
原料　　　茶樹的葉子
主要產地　靜岡縣、鹿兒島縣、三重縣、宮崎縣、京都府、福岡縣、埼玉縣
保存方法　存放於陰涼處。氣味容易轉移，請多加注意

(煎茶)

煎茶是把新鮮茶樹葉片蒸製過後揉捻，再經過乾燥的無發酵茶葉，在日本是最普遍的一種茶。這之中也有長達2倍時間蒸製的「深蒸煎茶」（左圖照片），無論味道或色澤都更加濃郁。

(粉末狀的茶葉)

研磨成粉末狀形態的煎茶，最常被使用在甜點中。把煎茶粉以熱水悶蒸，待煎茶的香氣及味道揮發出來後再使用即可。

● 使用範例
可用於奶餡或冰沙之中，用途多樣
處理成粉末狀後再蒸製過的煎茶茶葉，可以混合於奶餡中，也可以點綴於清爽的煎茶冰沙內，也可以和橄欖油混合變成青醬，用法相當多樣化。

煎茶奶餡

煎茶法式冰沙

煎茶青醬

用於**甜點**製作時的重點

慎選產地及品牌
茶葉的產地及品牌數量繁多，苦味、甜味、香味、色澤皆有不同，請以設想的甜點口味來挑選。一般來說，深蒸類型的茶葉，味道較為明顯。

跟柑橘類、草莓、和風食材都合拍
以食材來說，跟煎茶味道合拍的水果是柑橘類及草莓，另外像豆沙、黃豆粉這類和風食材也很適合。

磨粉及悶蒸可提升風味
煎茶原本就是需要經過悶蒸後才能享受其香氣的茶葉。先以研磨機磨碎後，再以水分悶蒸，以這樣的步驟進行，煎茶的味道及香氣會更加濃郁。茶葉可依喜好過濾。

Rouleaux au Sencha et son granité

composant 1

煎茶捲
Rouleaux au Sencha

1 妃樂酥皮
Pâte filo

材料　14片份

A
- 低筋麵粉 ……………… 175g
- 高筋麵粉 ……………… 175g
- 玉米粉 …………………… 50g
- 泡打粉 …………………… 4g
- 鹽 ………………………… 5g

B
- 水 ………………………… 90g
- 牛奶 ……………………… 90g
- 融化奶油 ……………… 110g
- 玉米粉（手粉）………… 適量

作法

1. 在攪拌機裡裝上勾形攪拌棒，攪拌盆裡倒入過篩後的A、以微波爐加熱至與體溫同溫的B、融化奶油，以低速開始攪拌。

2. 麵團變得柔滑且出現光澤感後即可取出，分割成每塊25g，推成圓球狀。

3. 以玉米粉當手粉，用擀麵棍推成薄的圓片狀。送入冰箱冷藏10～15分鐘。

4. 再次以玉米粉當手粉，把麵團推成直徑10cm的圓形。

5. 把7片麵皮重疊在一起，從最上面以擀麵棍推勻成直徑20cm的圓形。因為麵皮重疊所以容易推薄。

6. 把麵皮一張一張分開來，每張中間都灑上玉米粉後再重疊在一起，備用。
※也可以用保鮮膜包覆起來，冷藏保存。

2 煎茶奶餡
Crème Sencha

材料　8人份

煎茶茶葉 ································ 8g
熱水（60°C）··················· 20g
奶油乳酪 ···························· 200g

作法

1. 煎茶的茶葉先以研磨機磨碎成粉狀。把粉末及60°C的熱水一起倒入耐熱容器內，靜置悶蒸5分鐘。

2. 把奶油乳酪放入耐熱容器裡，稍微以微波爐加熱，再以矽膠刮勺攪拌成柔軟滑順的質地。把步驟1加進來，混合拌勻。

3 柑橘果醬
Marmelade d'agrumes

材料　便於操作的分量

柑橘類（葡萄柚除外*）······ 淨重500g（約2個）
檸檬汁 ·· 10g
香草莢與香草籽 ·························· 1/4根
Ⓐ 細砂糖 ······································ 50g
　 NH果膠粉 ···································· 5g

作法

1. 柑橘先水平對半切開，汆燙2次。切去蒂頭，連外皮一起切碎，再測量重量。

2. 鍋裡放入步驟1、檸檬汁、香草莢，點火加熱煮至沸騰。先熄火離開火源後，取出香草莢，加入混合好的A，同時以手持式均質機均質。

3. 放回香草莢，再次點火煮至沸騰，之後置涼冷卻。

4 完工
Finition

材料　8人份

黑巧克力（可可成份70%）······ 1根10g
油炸用油（沙拉油）·················· 適量

作法

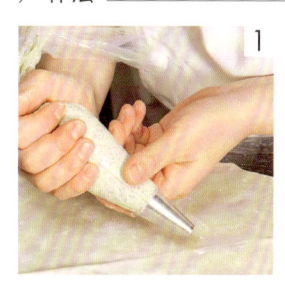

1. 黑巧克力隨意切碎。準備2個擠花袋，其中一個裝上11mm的圓形花嘴後，裝入煎茶奶餡備用。另一個擠花袋裝入柑橘果醬後，剪端剪出一個細口。

Rouleaux au Sencha et son granité

* 葡萄柚的苦味過重，和煎茶組合在一起，苦味會過於強烈。除了葡萄柚以外其他的柑橘類都很OK。

2　攤開妃樂酥皮，在中央略靠內側的位置，橫向擠出7cm長的煎茶奶餡，總共2條，間距1cm。

3　在2條煎茶奶餡中間，擠上柑橘果醬。

4　在步驟3上方，放上切碎的黑巧克力。

5　依序把妃樂酥皮從內側、左、右的方向向內折起後，再由內往外推捲起來，最後沾點水封口。

6　在平底鍋裡倒入1cm高的油炸用油，加熱至180℃，把步驟5炸至酥脆。

composant 2

糖漬柑橘
Agrumes confits

/ 材料　便於操作的分量

柑橘類（葡萄柚除外）……4個
A　水 ……………………… 200g
　　細砂糖 …………………… 100g

/ 作法

1、柑橘先水平對半切開，汆湯2～3次。
2、鍋裡放入A，加熱煮至沸騰後，放入步驟1。再次煮沸後轉極小火慢煮約1小時，直到柑橘類都熟透為止。
3、直接常溫置涼即可。

composant 3

煎茶法式冰沙
Granité au Sencha

材料　6人份

煎茶的茶葉	12g
吉利丁片	3g
Ⓐ 水	300g
細砂糖	50g

作法

1、吉利丁片泡冰水變軟後備用。煎茶茶葉以研磨機磨碎成粉末狀。
2、鍋裡放入Ⓐ後煮至沸騰，再置涼散熱至70°C左右。加入步驟1的茶葉、擰去水分的吉利丁，加蓋使茶葉悶蒸同時溶化吉利丁片。
3、以較粗的濾網過濾步驟2至料理盆內，盆底浸泡冰水，一邊拌攪使其冷卻後，送入冷凍庫內。結凍至快要完凝固時，以叉子攪拌一下，繼續冷凍。重複這個動作直到變成剉冰的狀態。

composant 4

煎茶青醬
Pesto au Sencha

材料　4人份

煎茶的茶葉	20g
熱水（60°C）	50g
Ⓐ 椰子粉	90g
檸檬汁	15g
鹽	1g
橄欖油	150g
細砂糖	15g
碎冰	50g

作法

1　煎茶茶葉以研磨機磨成粉末狀。和60°C的熱水一起放入耐熱容器內，靜置悶蒸5分鐘。之後容器底部浸泡冰水，散熱冷卻。

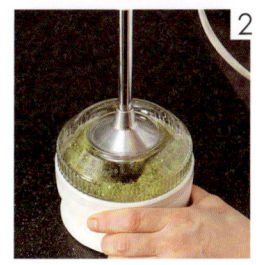

2　將步驟1及Ⓐ放入電動攪拌機內，攪拌成抹醬狀。

Rouleaux au Sencha et son granité

組合・呈盤

／材料　裝飾用

煎茶（研磨成粉末狀的成品）………… 適量

1、
糖漬柑橘瀝去糖漿，切成1cm小塊狀備用。呈盤用的器皿內，放入15g左右的煎茶青醬，鋪成圓形。

2、
煎茶捲對半斜切開，置於煎茶青醬上方。

3、
在煎茶法式冰沙裡，加入適量的步驟1糖漬柑橘後混合，然後裝入一個小型的玻璃杯內，放在步驟2的側面。

4、
以粉末狀的煎茶在盤內畫出一條斜的直線。

抹茶舒芙蕾及冰淇淋
Soufflé au Matcha et sa crème glacée

法國甜點的代表——舒芙蕾，以抹茶來做調味。
加上冰淇淋，冷熱相襯是最經典的表現方法，果然美味。
略帶苦味的抹茶，搭配風味鮮明的熱帶水果甜酸醬。
抹茶加熱後風味容易消失，最後裝飾時再灑上一些做為補強。

和風食材 32

抹茶

抹茶　Matcha
Thé vert moulu

Data	
原料	茶樹的葉片
主要產地	京都府、愛知縣、靜岡縣、奈良縣
保存方法	冷凍保存

（抹茶）

以遮避日光的方式種植的「碾茶」，經過蒸製後，不揉捻直接乾燥而成便是抹茶的原料。去除葉脈後，以石臼磨碎便成抹茶。在法國直接稱為Matcha而知名。

● 保存冰淇淋或醬料的方法
由於抹茶容易氧化，盡可能不要接觸空氣。冰淇淋或醬料的表面要以保鮮膜貼合保存。

● 使用範例
混在麵團裡
混合於舒芙蕾、海綿蛋糕、沙布列等的麵團裡，做成抹茶口味。

抹茶舒芙蕾

做成醬汁
把抹茶每次少量地溶於糖漿內，做成抹茶醬汁。

抹茶醬汁

抹茶口味冰淇淋
雖然市面上已有許多抹茶冰淇淋，自己做的話可以選擇喜愛的抹茶品牌，也能調整甜度，是最大的優點。

抹茶冰淇淋

用於甜點製作時的重點

選擇適用於甜點的品牌
抹茶的風味會因產地及品牌而有差異。先確認過抹茶的魅力——甜度、香氣、略帶苦味後，再選擇使用。

高溫加熱後風味會流失
抹茶一旦經過高溫加熱後，風味便會流失。若是混合在麵團內加熱使用的話，最後裝飾時可以再灑上一抹茶粉做為補強。

預防結塊的準備動作
抹茶粉的顆粒極細，因此容易結塊。可事先與其他粉類混合、或是在抹茶裡慢慢加入少許的液體溶解它，皆為防止結塊的好方法。

170　抹茶舒芙蕾及冰淇淋

composant 1

抹茶冰淇淋
Crème glacée au Matcha

材料　6人份

抹茶		10g
Ⓐ 牛奶		250g
鮮奶油（乳脂含量35%）		55g
麥芽糖		20g
Ⓑ 細砂糖		35g
穩定劑		1g
重乳脂發酵鮮奶油（Crème Double*）		16g

作法

1. 抹茶過篩後置於料理盆內備用。混合好B備用。
2. 鍋裡加入A，加熱至與體溫同樣溫度，加入B後煮至沸騰。慢慢少量倒入裝有抹茶的料理盆內，同時以打蛋器混合攪散。 
3. 把重乳脂發酵鮮奶油加入步驟2內，以手持式均質機仔細均勻。 
4. 過濾至大碗裡，碗底浸泡冰水散熱冷卻。倒入冰淇淋機內並啟動。 

composant 2

甜酸醬
Chutney

材料　10人份

芒果		淨重120g
香蕉		淨重120g
葡萄乾		30g
細砂糖		24g
蘋果醋		36g
香草莢與香草籽		1/4根

作法

1、剝去芒果及香蕉皮，芒果去果核，全部切成1.5cm的塊狀。

2、鍋裡放入步驟1、其他全部材料，以小火煮至濃縮、水分完全蒸發。

Soufflé au Matcha et sa crème glacée

*鮮奶油加入乳酸菌後經過輕度熟成，質地膏狀的發酵鮮奶油。

composant 3

抹茶舒芙蕾
Soufflé au Matcha

材料
直徑7X高7.2cm（容量120ml）的耐熱玻璃容器10個份

蛋黃	90g
Ⓐ 抹茶	14g
玉米粉	25g
細砂糖	15g
牛奶	300g
蛋白	250g
細砂糖	45g
甜酸醬（參考P.171）	全量

耐熱容器用
Ⓑ 奶油	適量
細砂糖	適量

作法

1. 在耐熱玻璃容器內側，薄塗一層室溫下軟化的奶油，再灑上細砂糖。甩掉多餘的糖。

2. 混合好A過篩備用。

3. 料理盆裡放入蛋黃、過篩後的A，以打蛋器攪拌混合。

4. 鍋裡加熱牛奶至即將沸騰前的狀態，分2〜3次倒入步驟3的料理盆內混合拌勻。

5. 把步驟4過濾回到鍋內，以中火加熱。以矽膠刮勺不停地攪拌防止煮焦，開始感到凝固狀後即可熄火，繼續攪拌成黏稠帶有重量感的麵糊。

6. 把步驟5倒入大的料理盆內，直接置涼散熱至50°C左右。

7. 在步驟1的耐熱玻璃容器裡，以筷子放入甜酸醬，小心不要沾到容器側面。

8. 蛋白以手持式電動攪拌機輕輕打發，把細砂糖分2〜3次加入，同時攪拌打發成硬式的固體蛋白糖霜。

9　每次取1/4分量的步驟8加入步驟6內,以打蛋器快速俐落地拌勻,最後再以矽膠刮勺整體大致拌勻。

10　擠花袋剪一個大開口以防止弄破氣泡,裝入步驟9的舒芙蕾麵糊,擠入耐熱玻璃容器內,高度跟容器相當。中央處可以稍高,再以抹刀整平表面。

11　為了讓舒芙蕾能直直向上隆起,以姆指沿著容器邊緣內側畫一圈,做出一道溝。

12　送入預熱至180°C的烤箱內烘烤11分鐘。

組合・呈盤

／**材料**　裝飾用

抹茶 ……………………………… 適量

1、
呈盤用的器皿上,放上一小疊的甜酸醬,上面放一球橢圓形的抹茶冰淇淋。

2、
舒芙蕾出爐後,先以濾網在表面灑上抹茶粉,再置於器皿內。

Soufflé au Matcha et sa crème glacée

焙茶烤布蕾水梨雪酪
Crème brûlée au Hojicha, sorbet aux poires japonaises

香氣明顯、幾乎不帶澀味的焙茶，
跟甜的食物相當合拍，是一款容易用於甜點中的茶種。
和烤布蕾或焦糖化的材料結合，
都會因為「焦化」的過程而使香氣更加濃郁。
選擇搭配菸捲餅乾的想法，
就像是懷石料理中「箸休」般，做為轉換口感的樂趣。

和風食材 33

焙茶

ほうじ茶　Hojicha
Thé vert torréfié

Data
原料　　　茶樹的葉片
保存方法　盡量抽離空氣後密封，以常溫保存

（ 焙茶 ）

把煎茶或番茶（太老的葉片）以大火煎焙後的褐色茶葉。咖啡因及苦味都不多，香氣明顯是最大特徵。

● 使用範例

把茶葉放入牛奶或鮮奶油這類液體中，悶蒸後就能粹取焙茶的風味。

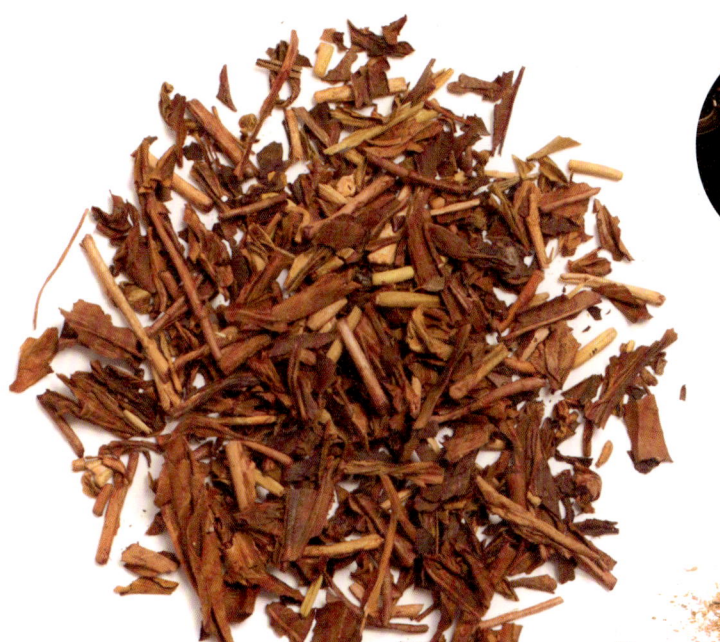

焙茶烤布蕾

（ 研磨成粉狀再過篩後的茶葉 ）

● 使用範例

茶葉以研磨機磨碎後再過篩，可以直接混入菸捲餅乾、沙布列、海綿蛋糕等的麵團裡。粉末狀的茶葉也可找到市售的成品。

焙茶菸捲餅乾

用於**甜點製作**時的重點

以「香氣」為主軸來思考調性
焙茶的特色就是香氣，所以搭配的食材也以「香氣」做為重點來思考，就容易許多。並且跟焦糖、烤布蕾這類的焦糖系口味也很合。

從紅茶入手也不錯
由於焙茶的味道和紅茶接近，可以先思索紅茶的風味裡含有哪些元素，就容易找到味道合拍的食材。與桃子、芒果、柑橘類、鳳梨、梨子都很合。

Crème brûlée au Hojicha, sorbet aux poires japonaises

composant 1

焙茶烤布蕾
Crème brûlée au Hojicha

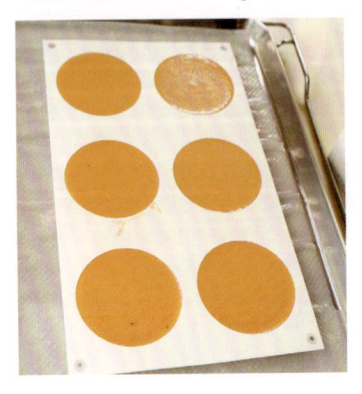

/ 材料　直徑7cm×高1cm的淺圓形矽膠模型15個份

- A　鮮奶油（乳脂含量45%）⋯⋯⋯⋯⋯⋯ 300g
　　牛奶 ⋯⋯⋯⋯⋯⋯⋯⋯⋯⋯⋯⋯⋯⋯ 100g
　　焙茶茶葉 ⋯⋯⋯⋯⋯⋯⋯⋯⋯⋯⋯⋯ 10g

- B　蛋黃 ⋯⋯⋯⋯⋯⋯⋯⋯⋯⋯⋯⋯⋯⋯ 72g
　　紅糖 ⋯⋯⋯⋯⋯⋯⋯⋯⋯⋯⋯⋯⋯⋯ 50g

/ 作法

1. 鍋裡放入A後混合拌勻，點火加熱。煮沸後熄火，加蓋10分鐘靜置悶蒸。

2. 料理盆裡放入B後以打蛋器攪拌，倒入步驟1混合均勻。

3. 步驟2倒入濾網內，以矽膠刮勺下壓茶葉，以完整粹取茶湯。如果表面有浮沫的話，可以蓋上廚房紙巾吸取浮沫。

4. 取一個比烤盤小一號的料理鋼盤，裡面鋪上烘焙紙，再放上矽膠模型並倒入步驟3。

5. 在料理鋼盤裡倒入足以浸濕烘焙紙的溫水，放置於烤盤內。

6. 送入預熱至140°C的烤箱內，以隔水加熱方式烘烤13～14分鐘。搖晃烤盤，如果烤布蕾的中央不會流動已經固定的話，即表示完成。出爐直接散熱置涼，最後連同模型一起送入冷凍庫內完全結凍。

composant 2

焙茶菸捲餅乾
Cigarettes au Hojicha

/ 材料　5人份

焙茶茶葉（研磨成粉狀後過篩的成品）⋯⋯⋯ 5g
低筋麵粉 ⋯⋯⋯⋯⋯⋯⋯⋯⋯⋯⋯⋯⋯⋯ 45g
奶油 ⋯⋯⋯⋯⋯⋯⋯⋯⋯⋯⋯⋯⋯⋯⋯ 50g
糖粉 ⋯⋯⋯⋯⋯⋯⋯⋯⋯⋯⋯⋯⋯⋯⋯ 50g
蛋白 ⋯⋯⋯⋯⋯⋯⋯⋯⋯⋯⋯⋯⋯⋯⋯ 50g

/ 作法

1. 焙茶茶葉與低筋麵粉混合後過篩備用。

2. 料理盆裡放入室溫下軟化的奶油、糖粉，以打蛋器攪拌。慢慢少量加入蛋白，同時混合均勻，最後加入步驟1，混合拌勻。

3. 在裝有直徑10mm花嘴的擠花袋內，裝入步驟2，在鋪有烘焙紙的烤盤內擠出直徑3cm的半球形。

4. 完成後，抬起烤盤向下輕敲數次，讓麵團擴張成直徑4～5cm。

5. 送入預熱至160°C的烤箱內烘烤10～15分鐘。

6. 出爐後趁熱捲成菸捲狀。中央放一根筷子，捲好後以筷子下壓枱面，以固定餅乾的形狀。如果餅乾變硬了就不好捲，可以用烤箱再加熱一下。

composant 3

水梨雪酪
Sorbet aux poires japonaises

/ 材料　8人份

水梨	300g
麥芽糖	20g
Ⓐ 細砂糖	30g
穩定劑	3g
酸奶油	20g
檸檬汁	12g

/ 作法

1、水梨削皮，去除種子及芯的堅硬部分。以手持式均質機均質成泥狀。

2、鍋裡放入一半分量的步驟1、麥芽糖，混合後加熱，再加入混合好的A後，煮至沸騰。

3、倒入料理盆內，盆底浸泡冰水降溫冷卻。加入剩下的步驟1、酸奶油、檸檬汁後混合拌勻，倒入冰淇淋機內並啟動。

composant 4

焦糖水梨
Poires japonaises caramélisées

Crème brûlée au Hojicha, sorbet aux poires japonaises

/ 材料　15人份

水梨	200g
細砂糖	20g
檸檬汁	8g
香草莢與香草籽	1/4根

/ 作法

1、水梨削皮，去除種子及芯的堅部部分。切成5mm的塊狀。
2、平底鍋內放入細砂糖，以中火加熱至焦糖色。加入步驟1、檸檬汁、香草莢，攪拌混合均勻。
3、焦糖溶化後即可熄火，直接置涼散熱即可。

組合・呈盤

/ 材料　裝飾用

細砂糖	適量
焙茶茶葉（研磨成粉末狀的成品）	適量

1、從模型內取出焙茶烤布蕾，置於呈盤用的器皿中央。表面輕輕灑上細砂糖（落在盤內的其他細砂糖要去除），以噴槍炙燒表面，完成焦化。

2、在烤布蕾上方，放上瀝去水分的焦糖水梨約10g，盤內周圍也可散放些許水梨。

3、視盤內的平衡感，可隨意在幾處灑上一些焙茶茶葉。

4、取一球橢圓形的水梨雪酪置於烤布雷上。旁邊立放2根焙茶菸捲餅乾。

178　焙茶烤布蕾水梨雪酪

#7
大豆製品
Produits à base de soja

高野豆腐版法式吐司豆腐慕斯
Koya-Dofu comme un pain perdu, mousse au Tofu

口感柔軟、味道溫潤的豆腐，被廣泛使用在點心或甜點裡，
在許多食譜裡都派得上用場，但高野豆腐卻很少見，
所以我想嘗試一次看看。
吸收了醬汁再烤過的高野豆腐，有種富有嚼勁的獨特口感。
搭配綿密冰涼的豆腐慕斯，無論口感或冷熱的溫差比都令人難忘。

和風食材 34

豆腐

豆腐　Tofu
Lait de soja caillé

Data
原料　　豆漿、鹽滷等的凝固劑

木棉豆腐（板豆腐）

豆漿加入鹽滷凝固後，倒入鋪有棉布的模具內，從上方以重石加壓，排除水分而製成。

● 使用範例
可混合用於冰淇淋、慕斯、義式奶凍，或是麵團類的粉類食材，用途廣泛。

豆腐慕斯

絹豆腐（嫩豆腐）

作法與木棉豆腐相同，只是裝入模具後不以重石加壓，不瀝去多餘水分而直接凝固。由於富含水分所以入口輕軟滑嫩。

高野豆腐（凍豆腐）

豆腐經過冷凍、低溫熟成後再乾燥而成。形狀有如海綿，一般來說是水煮過後食用。也稱為「凍豆腐」。

AUTRE

豆漿
豆腐的原料。以水泡軟後的大豆，一邊加水一邊研磨後，過濾擠壓後得到的液體。有大豆味香濃、不含添加物的天然豆漿，以及經過加工調味成如飲料般順口的普通豆漿。

用於**甜點製作時的重點**

依口感選擇木棉或絹豆腐
木棉豆腐的口感扎實，而絹豆腐則入口滑潤。請依需要的口感來選擇。

加入豆漿提升風味
把豆腐攪拌成慕斯或醬料狀時，如果覺得大豆風味略顯不足，可以加點豆漿補強。

高野豆腐可用於低敏食材
把高野豆腐磨成粉末狀，可以用來替代杏仁粉，健康更升級。對於製作低敏料理也相當實用。

● 使用範例
法式吐司風
浸於醬汁裡，做成法式吐司風。

磨成粉狀使用
以研磨機磨成粉狀，替代沙布列或磅蛋糕中的一部分麵粉使用。但因為味道較為明顯，用量上需多加留意。

法式吐司風高野豆腐

Koya-Dofu comme un pain perdu, mousse au Tofu

composant 1

法式吐司風高野豆腐
Koya-Dofu comme un pain perdu

/ 材料　4人份

奶蛋液（appareil）
　全蛋 ………………………… 55g
　蛋黃 ………………………… 30g
　細砂糖 ……………………… 60g
　香草莢與香草籽 …………… 1/4根
　鮮奶油（乳脂含量35%）…… 30g
　豆漿（溫熱至50°C左右）…… 180g
高野豆腐（5.5×7×厚度1.5cm）… 4片
奶油 …………………………… 適量

/ 作法

1　製作奶蛋液。從全蛋開始依序加入料理盆內，每加入一樣材料，都要用打蛋器攪拌均勻。最後加入溫熱至50°C左右的豆漿，全部混勻。

2　把高野豆腐排列於料理鋼盤內，把奶蛋液趁熱淋在豆腐上。翻面後再淋一次，讓豆腐連中心部位都吸附到奶蛋液。在豆腐中央以刀子劃出切口，確認是否連中央都有沾附到。

3　加熱平底鍋，把奶油融化成焦糖色後，放入高野豆腐，煎至雙面皆焦脆金黃。

4　取出豆腐，放入鋪有烘焙紙的烤盤內，送入預熱至180°C的烤箱烘烤10分鐘。

composant 2

豆腐慕斯
Mousse au Tofu

/ 材料　15人份

絹豆腐 ………………………… 200g
現磨檸檬皮 …………………… 1/3個份
吉利丁片 ……………………… 5g
蛋白 …………………………… 80g
Ⓐ　細砂糖 …………………… 50g
　　水 ………………………… 10g
鮮奶油（乳脂含量35%）……… 100g

/ 作法

1　吉利丁片浸於冰水中軟化。

2　把絹豆腐及現磨檸檬皮一起以手持式均質機均質。

3. 取出一部分步驟2（約50g）放入耐熱容器內，微波加熱至60°C左右，加入擰去水分後的吉利丁片，攪拌溶化。把剩下的豆腐加進來混合均勻。

4. 製作義式蛋白糖霜。料理盆裡放入蛋白，以手持式電動攪拌機打發起泡。小鍋裡混合A後加熱至118°C，慢慢地倒入蛋白內，同時以攪拌機持續打發，最終完成硬式固態蛋白糖霜。

5. 另取一個料理盆，把鮮奶油打發成八分發。

6. 把步驟3、4、5混合在一起，以打蛋器快速俐落地攪拌均勻後，送入冰箱冷藏固定。

composant 3

焦糖醬
Sauce caramel

/ 材料　便於操作的分量

細砂糖 ················· 150g
水 ······················ 150g

/ 作法

1、鍋裡放入細砂糖，以中火加熱變成濃稠的焦糖色。慢慢加入水使其溶化開來

composant 4

焦糖杏仁
Amandes caramélisées

/ 材料　5人份

帶皮杏仁（烘烤過的成品*）····· 50g
A 水 ······················ 少許
　 細砂糖 ··················· 20g

/ 作法

1、鍋裡放入A後以中火加熱，煮至濃縮、溫度到達120°C。
2、熄火，加入杏仁，以矽膠刮勺快速俐落拌勻，讓杏仁周圍都包覆上一層白糖（結晶化）。
3、連鍋子底部也覆蓋一層白糖、杏仁散開不相黏後，再次以中火加熱，持續攪拌混合直到砂糖溶化、變成茶色的焦糖狀。
4、步驟3倒入烘焙紙內散開，置涼冷卻。

Koya-Dofu comme un pain perdu, mousse au Tofu

*以預熱至160°C烤箱烘烤20分鐘。

組合・呈盤

／**材料**　裝飾用

糖粉 ………………………………… 適量

1、
法式吐司風高野豆腐從寬面切成3等份，放上入呈盤用的器皿內。

2、
取一大球橢圓形豆腐慕斯，置於法式吐司風高野豆腐上方，再淋上焦糖醬。

3、
取一半分量的焦糖杏仁對半切開，剩下的則保留完整顆粒。全部放在豆腐慕斯上，然後灑上糖粉。

黃豆粉蛋糕焦糖柳橙
Gâteau au Kinako, oranges caramélisées

把濕潤的黃豆粉蛋糕，做成像小時候的「蒸蛋糕」一樣的口感。
搭配柳橙以及隨意散放的香煎黃豆，和洋折衷的蛋糕就此完成。
黃豆粉在使用前先以烤箱烘烤 10 分鐘，能讓香氣更加濃郁。
這些都是基本的技巧，我希望自己銘記於心。

和風食材 35

黃豆粉

きなこ　Kinako
Poudre de soja grillé

Data
分類　　　大豆
保存方法　裝入密閉容器以冷凍保存

AUTRE

香煎大豆
季節交替時必吃的大豆。香香脆脆的口感，也可用於甜點的配料。

（黃豆粉）
把炒過的大豆去皮後研磨而成。也寫成「黃粉」。在和菓子中多用於搭配丸子、葛餅或蕨餅。

（青豆粉）
使用綠大豆磨成的「青豆粉」，帶有甜味，用來製作春天的「鶯餅」。主要流通於東北地區。

（黑豆粉）
以黑豆製成的粉末。風味鮮明。

✓ **事先處理**
利用烘烤帶出香氣
黃豆粉在使用前先以烤箱烘烤過，香氣會更加明顯。在鋪有烘焙紙的烤盤內灑上黃豆粉，以160℃烤箱烘烤10分鐘即可。

● **使用範例**
用於蛋糕、沙布列等的麵團裡，或是跟冰淇淋混合使用。用於和菓子時，常與砂糖混合後過篩使用。

黃豆粉冰淇淋　　黃豆粉蛋糕

使用於法式甜點時的注意事項

用於麵團時分量要注意
如果在麵團裡加入大量黃豆粉的話，會使麵團變硬，可以用低筋麵粉做調節，取得適當的平衡。

與焦糖、杉木酒桶的香氣都合拍
黃豆粉除了和紅豆餡、抹茶等和風食材合得來之外，也跟焦糖化處理後、香氣四溢的食材很合拍。此外，從白蘭地到樽酒也都跟黃豆粉搭得起來。

186　黃豆粉蛋糕焦糖柳橙

composant 1

黃豆粉蛋糕
Gâteau au Kinako

/ 材料　15×15×高3cm 的方型烤模1個份（5人份）

黃豆粉（烘烤過的成品）	40g
糖漿（波美度30°）	70g
奶油	40g
細砂糖	20g
鹽	0.5g
全蛋	40g
Ⓐ 低筋麵粉	10g
泡打粉	1g

/ 作法

1. 奶油置於室溫軟化。A 混好合過篩備用。把烤模置於烤盤內，在烤模底部及側面都鋪上烘焙紙。

2. 料理盆裡放入黃豆粉、糖漿，以矽膠刮勺攪拌混合成膏狀。加入步驟1的奶油後拌勻，再加細砂糖、鹽，以把空氣一起拌進去的手法，攪拌均勻。

3. 慢慢少量加入打散的蛋液，同時以打蛋器仔細拌勻。加入混合好的A混合拌勻，然後倒入烤模裡，整平表面。

4. 送入預熱至150°C的烤箱內烘烤10～15分鐘（中途取出，前後對調方向後繼續烘烤）。輕輕觸碰蛋糕正中央，有彈性的話就表示OK。取出烤盤，取下烤模，散熱置涼。

composant 2

黃豆粉冰淇淋
Crème glacée au Kinako

/ 材料　6～8人份

牛奶	240g
鮮奶油（乳脂含量35%）	76g
麥芽糖	20g
紅糖	35g
黃豆粉	48g
（黃豆粉：黑豆粉＝1:1 混合後烘烤的成品）	

/ 作法

1、鍋裡放入所有材料，一邊攪拌防止煮焦，加熱至沸騰。

2、步驟1過濾進料理盆裡，盆底浸泡冰水，同時攪拌直到散熱冷卻。倒入冰淇淋機內並啟動。

Gâteau au Kinako, oranges caramélisées

composant 3

焦糖柳橙果醬
Marmelade d'oranges caramélisées

材料　5人份

柳橙	淨重200g
細砂糖	20g
Ⓐ 細砂糖	10g
果膠	2g

作法

1、柳橙水平對半切開，水煮至外皮變軟。瀝去水分直接置涼，冷卻後切成細碎小塊狀。
2、混合好A備用。
3、鍋裡放入20g的細砂糖，以中火加熱成焦糖色。加入柳橙，煮至焦糖完成溶化、和柳橙混合。
4、暫時熄火，加入A並以手持式均質機均質。再次加熱煮至沸騰後，置涼冷卻。

composant 4

香緹鮮奶油
Crème Chantilly

材料　8人份

鮮奶油（乳脂含量35%）	300g
細砂糖	20g
香草籽	1/4根份
柳橙皮	1g

作法

1、料理盆裡放入所有材料，打發成八分發。

組合・呈盤

/ 材料　裝飾用

柳橙果肉	適量
香煎大豆	適量
黃豆粉	適量

（黃豆粉：黑豆粉＝1:1混合後烘烤的成品）

1、柳橙果肉切成3等份。

2、黃豆粉蛋糕切成5個10X3cm的長方形。

3、在呈盤用的器皿略靠內側位置，鋪上焦糖柳橙果醬，大小約比步驟2大上一圈。然後把步驟2置於上方。

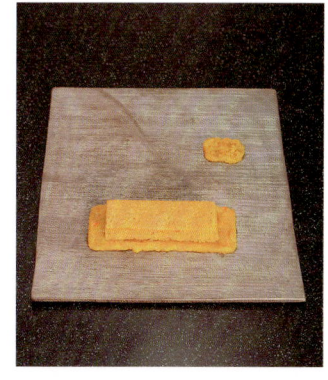

4、在器皿的右上方也放一點柳橙果醬，做為冰淇淋的止滑固定用。

5、擠花袋裝上聖多諾黑的花嘴，裝入香緹鮮奶油後，在黃豆粉蛋糕上擠出波浪狀。

6、鮮奶油上方加上切碎成粗顆粒的炒大豆、柳橙果肉，再灑上烘烤過後的黃豆粉。在步驟4上方放上一球橢圓形的黃豆粉冰淇淋。

Gâteau au Kinako, oranges caramélisées

豆腐渣奶酥烤蘋果
Crumble à l'Okara, pommes au four

如果把米布丁改以豆腐渣來試做看看呢？
這便是我的構想原點。由於上桌時是溫熱狀態，
所以搭配的水果必須加熱後也依然美味，因此選擇了蘋果。
再搭配以酸奶油製作的糖煮蘋果泥，
帶有滿滿的層次及酸度，增添整體的水潤感。

和風食材 36

豆腐渣

おから　Okara
Pulpe de soja

Data
原料　　大豆
主要產地　【新鮮豆腐渣】冷藏保存2～3內使用完畢。或是盡量擠出空氣後，裝入保鮮袋內平放，以冷凍保存並於1周內使用完畢
【豆腐渣粉】緊閉袋口後常溫保存

新鮮豆腐渣

製作豆腐的過程中，榨出豆漿後所留下的豆渣。是富含食物纖維的健康食材。也稱為「卯花」「雪花菜」。

● 使用範例
除了用於布丁外，也可混合於甜甜圈或沙布列的麵團裡使用。

豆腐渣布丁

豆腐渣粉

新鮮豆腐渣乾燥後的成品。由於是粉末狀，可以保存幾個月，相當方便。

● 使用範例
由於質地已變得細碎，可以跟其他粉類一起過篩，用於奶酥或沙布列之中。也可以做成油炸時的麵衣。

豆腐渣奶酥

泡水還原後可以當成新鮮豆腐渣

把豆腐渣粉泡水後，也可以替代為新鮮豆腐渣來使用。比例為豆腐渣粉20g對上80g的水。只要混合一下馬上就會還原。

用於**甜點**製作時的重點

新鮮的豆腐渣要盡快使用
新鮮豆腐渣的使用期限只有1～2天，之後就會開始變質，要盡早使用。或以冷凍保存。

用豆腐渣粉取代杏仁粉
豆腐渣粉的使用方法，就像是取代杏仁粉的感覺。富含食物纖維，適合做出口感清爽的和風式甜點。

Crumble à l'Okara, pommes au four

composant 1

豆腐渣布丁
Pudding à l'Okara

材料　10人份（14 X 21cm 的橢圓形焗烤盅1個）

豆腐渣	150g
Ⓐ 牛奶	180g
鮮奶油（乳脂含量35%）	30g
Ⓑ 全蛋	55g
蛋黃	30g
細砂糖	60g
香草籽	1/4根
葡萄乾	50g
核桃（烘烤過的成品*1）	50g

作法

1. 料理盆裡放入豆腐渣，慢慢少量加入已混合好的A，同時攪拌均勻。

2. 另取一個料理盆放入B，以打蛋器拌勻，再加入步驟1、葡萄乾、切碎的核桃顆粒，攪拌均勻。

3. 步驟2倒入焗烤盅後放入烤盤，送入預熱至140°C的烤箱內，烘烤30～40分鐘（中途烤約15分鐘後，取出烤盤前後對調後繼續烘烤）。輕輕搖晃一下，中心部位沒有流動移位就表示完成。

4. 出爐後，趁熱先以刀子沿著焗烤盅內緣畫一圈（分離布丁與器皿），再切成4cm的正方形後備用。

composant 2

豆腐渣奶酥
Crumble à l'Okara

材料　10人份

奶油	40g
紅糖	30g
豆腐渣粉	30g
低筋麵粉*2	25g

作法

1、料理盆裡依序放入退冰後軟化的奶油、紅糖、豆腐渣粉、過篩後的低筋麵粉，每加入一樣食材後，都以矽膠刮勺攪拌均勻。最後以雙手揉成一球完整的麵團。

2、在鋪好烘焙紙的烤盤裡，散放撕成約1cm大小的步驟2，靜置乾燥約15分鐘。

3、送入預熱至150°C的烤箱，烘烤20～25分鐘。

*1 以預熱至150°C的烤箱烘烤15分鐘。
*2 也可以用米穀粉取代低筋麵粉。

composant 3

糖煮蘋果泥
Compote de pommes

/ 材料　4人份

蘋果	180g
細砂糖	45g
奶油	15g
檸檬汁	8g
香草莢與香草籽	1/6根

/ 作法

1、蘋果削皮去芯後切碎。鍋裡放入所有材料，以偏弱的中火將蘋果煮至半透明狀。
2、小心避開香草莢，以手持式均質機均質成果泥狀。

composant 4

烤蘋果
Pommes au four

/ 材料　4人份

蘋果	1顆
細砂糖	適量

/ 作法

1、蘋果削皮去芯，切成12等份的半月形。在鋪好烘焙紙的烤盤內，整齊排放上蘋果片後，灑上細砂糖。
2、送入預熱至170°C的烤箱烘烤20分鐘（烤10分鐘後把蘋果翻面，再灑上細砂糖）。取出後置於托盤內散熱置涼。

組合・呈盤

/ 材料　裝飾用

細砂糖 … 適量　糖粉 … 適量　酸奶油 … 適量
香草莢（重複使用之前煮過的）……… 1/2根

1、如果布丁涼掉的話，就用烤箱再溫熱一下。在表面灑上細砂糖，以噴槍在表面炙燒一下，做出焦化效果。烤蘋果也同樣在表面灑上細砂糖，以噴槍炙燒，做出焦化效果。

2、在呈盤用的器皿內鋪上糖煮蘋果泥，再放上豆腐渣布丁。

3、加上2片烤蘋果，空下來的地方補上糖煮蘋果泥。加上豆腐渣奶酥，灑上糖粉。再加上一小球橢圓形的酸奶油，最後以香草莢點綴。

Crumble à l'Okara, pommes au four

豆腐皮熱帶水果千層派
Millefeuille de Yuba et fruits exotiques

豆腐皮從很久以前就被僧侶們用於素食料理當中，
是他們的重要營養來源。
雖然也有新鮮的豆腐皮，但是作為甜點食材時，
乾燥豆腐皮更能傳達其原本風味，也便於處理製作。
由於薄透的外觀神似妃樂酥皮（pâte filo），
從這個點延伸構思，最後以千層派的形式呈現。
極富韌性也是乾燥豆腐皮的另一個特色。

和風食材 37

豆腐皮

湯葉　Yuba
Peau de Tofu

Data
主要產地　京都的比叡山山麓、栃木縣日光市等地，舊時代的門前町*
保存方法　【乾燥豆腐皮】綁緊袋口，室溫保存

（乾燥豆腐皮（平腐皮））

豆漿煮沸後，撈起浮在表面的新鮮豆腐皮，攤平乾燥後的成品。

（乾燥豆腐皮（小捲腐皮））

在新鮮豆腐皮半乾燥的狀態下捲起，切成入口大小後徹底乾燥的成品。

（新鮮豆腐皮）

較濃的豆漿煮沸後，撈起在表面形成的薄膜，就是豆腐皮。也稱為「撈腐皮」。

● 使用範例
把乾燥豆腐皮以水或糖漿泡軟還原後，可以像烤吐司般烘烤，也可以切碎後加入西米露之中。也可以包住奶油乳酪後捲起來，變身成炸春卷風。

烘焙乾燥豆腐皮 　　乾燥豆腐皮西米露 　　乾燥豆腐皮炸春卷

● 使用範例
把水果醋做成的醬汁淋在新鮮豆腐皮上，只要這麼簡單的做法，就能吃到新鮮豆腐皮最棒的原味。

用於**甜點製作**時的重點

乾燥豆腐皮便於加工處理
比起新鮮豆腐皮，乾燥的豆腐皮由於水分已蒸發，所以味道更為濃郁，也更適合用於甜點的製程之中。

新鮮豆腐皮盡量簡單調味
使用新鮮豆腐皮時，為了能盡量嘗到它細膩的口感及風味，只要淋上水果系的醬汁，盡量調理成簡潔風的甜點為佳。

Millefeuille de Yuba et fruits exotiques

*門前町意指寺廟或神社周邊形成的市街聚落。

composant 1

烘焙乾燥豆腐皮
Yuba grillé

材料　6人份

A　水 ·························· 200g
　　細砂糖 ····················· 80g
乾燥豆腐皮（9X16cm的成品）········ 6片

作法

1. 鍋裡放入A後煮沸，做成糖漿。趁熱放入乾燥豆腐皮浸泡約30分鐘。

2. 待豆腐皮變軟後，攤平置於廚房紙巾上，吸去水分。

3. 在鋪好烘焙紙的烤盤內，把豆腐皮攤平不要重疊，再蓋上一張烘焙紙。

4. 在上方再疊上一片烤盤，送入預熱至170°C的烤箱內烘烤約15分鐘，直到烤上色。

5. 出爐後，取下疊上的烤盤及上方烘焙紙，散熱冷卻後，切成5cm大小。

composant 2

馬斯卡彭奶餡
Crème mascarpone

材料　20人份

鮮奶油（乳脂含量35%）········ 125g
蛋黃 ························ 50g
細砂糖 ······················ 100g
蛋白 ························ 75g
馬斯卡彭起司 ················ 125g

作法

1、鮮奶油打發成八分發。
2、料理盆裡放入蛋黃、1/3分量的細砂糖，以打蛋器攪拌混合至質地有如緞帶般垂落的程度。
3、另取一個料理盆，放入蛋白、剩下2/3分量的砂糖，以手持式電動攪拌機打發成蛋白糖霜。
4、把步驟1、2、3和馬斯卡彭起司快速俐落地攪拌混合，送入冰箱冷藏。

composant 3

鳳梨果醬
Marmelade d'ananas

/ 材料　20人份

鳳梨	淨重275g
芒果	淨重125g
蘋果醋	20g
百里香	1g
香草膏	1g
Ⓐ 細砂糖	12g
NH果膠粉	2g

/ 作法

1、鳳梨及芒果去皮後，鳳梨切去芯部較硬的部分，芒果去核。2樣都切碎。
2、鍋裡放入步驟1、蘋果醋、百里香、香草膏，加熱的同時一邊攪拌，煮至水分完全揮發、質地濃縮為止。
3、加入混合好的A後煮沸，熄火離開火源後散熱置涼。

composant 4

乾燥豆腐皮西米露
Yuba et tapioca au lait

/ 材料　20人份

Ⓐ 水	300g
細砂糖	30g
乾燥西谷米	20g
Ⓑ 水	200g
細砂糖	80g
乾燥豆腐皮（9×16cm的成品）	1片
Ⓒ 豆漿	75g
紅糖	7.5g
鳳梨果醬（參考左記）	20g

/ 作法

1. 煮沸A做成糖漿，和乾燥的西谷米一起放入耐熱容器內。以保鮮膜簡單加蓋，用600W微波爐加熱30秒～1分30秒，同時觀察變化。待西谷米呈半透明狀（芯還沒有全透）後即可停止加熱，利用餘熱煮透。之後放入冰箱冷卻

2. 煮沸B做成糖漿，趁熱放入乾燥的豆腐皮，靜置浸泡約30分鐘。

3. 耐熱容器裡放入C，以微波爐稍微加熱，使紅糖溶化。容器底部浸泡冰水同時攪拌散熱。

4. 把泡軟的豆腐皮置於廚房紙巾上，吸去多餘水分，先橫向切開成4等份後，重疊在一起再切成5mm寬。把切好的豆腐皮放入步驟3的容器裡，再加入瀝去糖漿後的西谷米混勻。

Millefeuille de Yuba et fruits exotiques

組合・呈盤

/ **材料**　裝飾用

糖粉 ………………………………… 適量

1、
在小玻璃杯裡放入約20g的鳳梨果醬。

2、
在呈盤的盤子左側，放上少許馬斯卡彭奶餡，做為止滑固定用，在上面放上烘焙乾燥豆腐皮。

3、
步驟2上，依序疊放上鳳梨果醬、烘焙乾燥豆腐皮、馬斯卡彭奶餡、烘焙乾燥豆腐皮，然後再依同樣順序繼續往上多疊一次。

4、
最後放上鳳梨果醬、烘焙乾燥豆腐皮，灑上糖粉。

5、
在步驟1的玻璃杯裡裝入豆腐皮西米露，放上呈盤用的盤子右側。

#8

水果
Fruits

柚子巧克力甜點杯
Coupe au Yuzu et chocolat

柚子在法國算是很主要的和風食材。
由於在日本我們想運用什麼食材選擇相對豐富，
因此這道甜點，我刻意選用經典的搭配。
柚子配巧克力，這個組合雖然定番但就是美味。
配上以木薯粉做成的脆片，鮮明的色彩令人眼睛一亮。

和風食材 38

柚子

柚子　Yuzu
Agrume acide

Data

分類	芸香科柑橘屬
主要產地	高知縣、德島縣、愛知縣
產季	黃柚子為 11 下旬～12 月下旬，青柚子為 8 月
挑選方法	整體顏色均勻，外皮硬且緊實。氣明顯，蒂頭切口新鮮為佳。
保存方法	裝入塑膠袋內預防乾燥，置於陰涼處或冰箱保存

(青柚子)

夏季出產的青柚子，是轉黃前的狀態。青柚子的果汁比黃柚子來得少。

(柚子 (黃柚子))

是少數能抵擋寒冷氣候的柑橘類，在法國就被稱為Yuzu，廣為人知。在柑橘類水果中，柚子的氣味鮮明，僅需少量就能達到效果，用於製作甜點相當容易施展。種籽多，果膠含量豐富。

● 使用範例

現磨外皮增添風味
以刨絲器現刨外皮，可以加在麵團裡或當成裝飾點綴灑上，都能增添柚子風味。

利用果汁做成慕斯或雪酪
柚子的果汁酸味強、略帶苦味，構思時以檸檬或萊姆的做法來考慮亦可。

連果皮一起熬煮，做為果醬或糖漬水果
連著果皮一起熬煮成果醬（P.202）或糖漬柚子。

現磨柚子皮 　　使用果汁 　　連果皮一同熬煮

用於**甜點製作**時的重點

跟風味鮮明的食材調性合拍
選擇跟柚子搭配的食材，重點在於「擁有鮮明氣味，和柚子不相上下」的特色。例如巧克力，濃厚的風味不會被柚子蓋過，所以OK。

可做為畫龍點睛之用
柚子和檸檬或柳橙一樣，是個優秀的畫龍點睛好幫手。尤其和草莓、覆盆子這類的莓果系相當合拍，只要加入少許的柚子就能提亮莓果的風味。

果汁不多，可以善用市售成品
柚子的種籽大顆，每一顆的果汁大約只有20g，分量稀少。如果製作數量龐大的甜點時，可以使用市售的100%柚子果汁。

富含果膠
柚子含有豐富的果膠質，尤其在種籽及果皮部位。因此視製作的甜點，有時甚至不需要另外添加果膠也行。

加熱熬煮前先汆燙過
連皮一起熬煮時，先把柚子切開，汆燙一次為佳。可以減少果皮及白瓤的苦味，也可以使果皮變軟。

Coupe au Yuzu et chocolat　　　　　　　　　　　　　　　　　201

composant 1

柚子果醬
Marmelade de Yuzu

材料　5人份

柚子	·············	淨重400g（約6個）
柚子果汁	·············	40g
Ⓐ 細砂糖	·············	88g
NH果膠	·············	4g

作法

1. 柚子切去蒂頭，對半切開後汆燙一次。去籽，切成2cm塊狀後測量重量。混合好A備用。

2. 鍋裡放入步驟1、柚子果汁，煮至沸騰。暫時熄火，以手持式均質機一邊均質一邊加入A。

3. 再次點火加熱步驟2，煮至沸騰。

composant 2

巧克力海綿蛋糕
Génoise au chocolat

材料　直徑6cm的圓形8個份
（15cm的正方型烤模2個份）

Ⓐ 全蛋	·············	120g
細砂糖	·············	75g
蜂蜜	·············	10g
Ⓑ 低筋麵粉	·············	50g
可可粉	·············	16g
牛奶	·············	20g

作法

1、混合好B過篩備用。在鋪上烘焙紙的烤盤內放上烤模，內側鋪上烘焙紙。

2、料理盆裡放入A，以手持式電動攪拌機打發至質地呈緞帶狀垂落的程度。倒入B，以矽膠刮刀以盡量不破壞氣泡的方式混合，再加入牛奶混合均勻。

3、把步驟2倒入步驟1的烤模內，輕拍側面後，送入預熱至180°C的烤箱烘烤10分鐘。

4、取下烤模散熱冷卻後，以直徑6cm的慕斯圈切下。

composant 3

可可碎粒雪酪
Sorbet aux grués de cacao

／材料　8人份

Ⓐ 牛奶 ·················· 300g
　鮮奶油 ················ 50g
　可可碎粒 ·············· 30g
　麥芽糖 ················ 30g

Ⓑ 細砂糖 ················ 40g
　穩定劑 ················ 4g

／作法

1、鍋裡放入A後混合，加熱至80°C左右。加入混合好的B後煮沸，熄火置涼。
2、把步驟1過濾後，倒入冰淇淋機內並啟動。

composant 4

柚子馬斯卡彭起司香緹鮮奶油
Crème Chantilly Yuzu / mascarpone

／材料　5人份

Ⓐ 鮮奶油（乳脂含量35%）········ 200g
　馬斯卡彭起司 ····················· 50g
　細砂糖 ··························· 10g
　香草籽 ··························· 1/6根份
　現磨柚子皮 ······················· 1/2個份

／作法

1　料理盆裡放入A，以手持式電動攪拌機打發起泡。加入現磨柚子皮，輕輕拌勻。

composant 5

柚子風味脆片
Chips au Yuzu

／材料　便於操作的分量

Ⓐ 木薯粉* ·························· 4g
　水 ······························· 15g
　柚子果醬（參考P.202）·········· 200g

／作法

1　耐熱容器裡裝入A仔細拌勻。以微波爐600W加熱10～15秒，取出後以矽膠刮勺混合拌勻。重複這個步驟數次，直到質地產生彈性為止。

Coupe au Yuzu et chocolat

*木薯粉為粉圓的原料，也就是樹薯的澱粉粉末。類似太白粉及玉米粉，特徵是黏性很強。

2 混合步驟1及柚子果醬，以手持式均質機均質。

3 在鋪有烘焙紙的烤盤裡，把步驟2以抹刀盡量推平推薄。送入預熱至80°C的烤箱，乾燥烘烤約3小時。

4 撕下一小部分，散熱冷卻後如果可以脆裂分開，表示完成（如果還是軟的就繼續烤）。出爐後直接置涼，之後剝成5cm大小。

2、另取一個擠花袋，裝上星形花嘴，裝入柚子馬斯卡彭起司香緹鮮奶油，擠滿在巧克力海綿蛋糕的周圍。

3、取一球橢圓形可可碎粒雪酪，放在巧克力海綿蛋糕上。

4、灑上現磨柚子皮、可可碎粒。在雪酪插上2片柚子脆片。

組合・呈盤

/ 材料　裝飾用

可可碎粒 ………………………………… 適量
現磨柚子皮 ……………………………… 適量

1、柚子果醬裝入附有10mm花嘴的擠花袋內，在呈盤用的玻璃杯裡擠入約50g。放上巧克力海綿蛋糕，並且輕輕下壓。

204　柚子巧克力甜點杯

日向夏冰淇淋蛋糕
Vacherin au Hyuganatsu

日向夏的特色在於果肉及果皮間的那層白瓤也可以食用。
白瓤的微甜相當美味。單吃果肉似乎少了點什麼，
所以把果皮及白瓤也加進來變成一個組合，滋味更足。
選用法式甜點的經典——冰淇淋蛋糕，
加入了杏仁及香草，完成這道豐盛的甜點。

和風食材 39

日向夏

日向夏　Hyuganatsu
Agrume japonais

Data
分類　　　芸香科柑橘屬
主要產地　宮崎縣
產季　　　溫室栽培為1～2月，戶外栽種為3～4月
挑選方法　整體顏色均勻，表皮緊實。體型大小無妨，能感覺到實量的就是良品。
保存方法　裝入塑膠袋，置於陰涼處或冰箱保存。

（日向夏）

與高知縣的「土佐小夏」、伊豆的「New Summer Orange」為相同品種。有著清爽的甜味及酸味，不只果肉及外皮，就連白瓤也能食用。使用於甜點之中相當便利。

● 使用範例

好吃的白瓤也可運用
日向夏是文旦的近親，但苦味不多，鬆軟的白瓤不僅可以食用還相當美味。建議連著白瓤一起切下果肉使用。

白瓤

以烤箱烘乾後，做成脆片或粉末
帶皮切成薄片後，以烤箱烘烤2小時，烤乾成脆片（P.209）可以做為裝飾配件。也可以磨碎成粉末，混入麵團裡。

日向夏脆片

連果皮一起使用，做成果醬或糖漬水果
連著外皮一起煮成果醬（P.207）或糖漬日向夏（P.210）。由於日向夏沒什麼苦味，汆燙1～2次即可。

果醬

擠出果汁，做成慕斯或果凍
利用果汁清爽的酸味做成慕斯或果凍。

用於**甜點製作**時的重點

結合香料或杏仁，升格成主角
如果僅單獨使用日向夏的果肉，吃起來味道會稍嫌不足，但是跟香草莢或黑胡椒這類的香料、或是杏仁一起混合後，就會立刻晉升成全場主角。

白色的白瓤也能食用
日向夏的特色就是白瓤可食用、多汁、苦味極淡。活用這些特色來設計甜點吧。

206　日向夏冰淇淋蛋糕

composant 1

日向夏果醬
Marmelade de Hyuganatsu

/ 材料　40人份

日向夏	淨重500g（2～3個）
香草莢與香草籽	1/4根
Ⓐ 細砂糖	50g
NH果膠粉	5g

/ 作法

1、日向夏對半切開或切成4份，汆燙1～2次。切去蒂頭，帶皮切碎。A混合好備用。

2、鍋裡放入日向夏、香草莢，煮至沸騰。暫時熄火取出香草莢。一邊倒入A的同時，以手持式均質機均質。

3、放回香草莢再次煮沸，之後直接置涼冷卻。

composant 2

日向夏雪酪
Sorbet au Hyuganatsu

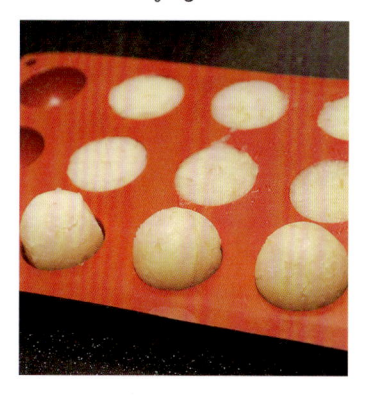

/ 材料　直徑3cm的半圓形矽膠模型12個份

Ⓐ 水	96g
現磨日向夏的表皮	5g
麥芽糖	39g
Ⓑ 細砂糖	25g
穩定劑	2g
日向夏的果肉	210g（約3個份）
檸檬汁	10g

/ 作法

1、鍋裡放入A後溫熱，加入混合好的B後煮至沸騰。

2、倒入料理盆內，盆底浸泡冰水同時攪拌，散熱冷卻。

3、把檸檬汁加入日向夏的果肉內，然後以手持式均質機均質。倒入冰淇淋機內並啟動。

4、裝填到直徑3cm的半圓形矽膠模型內，送入冷凍庫冷藏固定。

Vacherin au Hyuganatsu

composant 3

杏仁雪酪
Sorbet aux amandes

/ 材料　直徑 6.5cm 的平頂圓形矽膠模型 6 個份

Ⓐ 杏仁奶（無糖）················ 250g
　鮮奶油（乳脂含量35%）········· 72g
　牛奶······························ 40g
　杏仁粉···························· 60g

Ⓑ 細砂糖···························· 30g
　穩定劑······························ 2g
　杏仁糖漿·························· 60g
　杏仁精······························ 5g
　日向夏雪酪（參考P.207）········· 6個

/ 作法

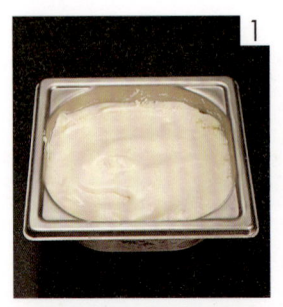

1　鍋裡放入A加熱，加入杏仁粉、混合後的B，煮至沸騰但不要燒焦。倒入料理盆內，盆底浸泡冰水同時攪拌散熱，直到冷卻。加入杏仁糖漿、杏仁精，倒入冰淇淋機內並啟動。

2　完成後的杏仁雪酪，以湯匙取一點，薄塗在直徑6.5cm的平頂圓形矽膠模內側（中間留出空位）。

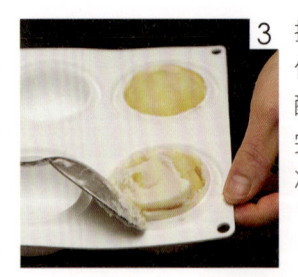

3　把日向夏雪酪塞進中間位置，上面再以杏仁雪酪封口，把日向夏雪酪完全包覆起來。送入冷凍庫冷藏固定。

composant 4

日向夏蛋白糖霜
Meringue au Hyuganatsu

/ 材料　20人份

蛋白······························ 100g
Ⓐ 細砂糖···························· 20g
　海藻糖···························· 35g

Ⓑ 糖粉····························· 100g
　日向夏粉·························· 1g
　（P.209「日向夏脆片」以研磨機磨碎後的成品）

/ 作法

1　A混合好備用。B分別過篩備用。

2 料理盆裡放入蛋白，以手持式電動攪拌機輕輕打發起泡，慢慢加入A打發成硬式的固態蛋白糖霜。這個步驟要確認海藻糖是否完全溶解（試吃看看，沒有顆粒感就OK）。

3 把B加到步驟2內，以矽膠刮勺大致拌勻。

4 在鋪有烘焙紙的烤盤裡，把步驟2以抹刀推薄開約0.3mm厚，送入預熱至90°C的烤箱，乾燥烘烤約2小時。出爐後從烤盤內取出，散熱置涼。

日向夏脆片

1、1顆日向夏切開成4等份後去籽，送入冷凍。把斷面向切片器削成薄片，整齊排列於鋪好烘焙紙的烤盤內。
2、送入預熱至90°C的烤箱，乾燥烘烤約2小時。和乾燥劑一起保存，視用途也可以研磨機磨成粉狀。

日向夏脆片

composant 5

糖燉日向夏
Hyuganatsu poché

/ 材料　16～18人份

日向夏	2個
Ⓐ 水	200g
細砂糖	80g
檸檬汁	10g

/ 作法

1 日向夏水平從中間對半切開，橫向切成5mm厚的薄片，去籽。裝入耐熱容器內備用。

2 鍋裡裝入A後煮沸，趁熱倒入步驟1內。以保鮮膜貼合表面的方式加蓋，置涼散熱，冷卻後送入冰箱靜置一晚。

composant 6

糖漬日向夏
Hyuganatsu confit

/ 材料　便於操作的分量

日向夏 ································· 1～2個
糖漿 ··································· 500g
（細砂糖：水＝1:2的比例，煮沸後冷卻的成品）
細砂糖 ······························ 80g×3～4次

/ 作法

1、日向夏切成4等份，汆燙一次。
2、鍋裡加熱糖漿至90°C，放入日向夏。加上落蓋，以小火再次加熱至90°C後熄火。為了不讓表面乾燥，落蓋保持不動靜置常溫下一天。
3、取出日向夏，僅只加熱糖漿並加入80g細砂糖，煮至沸騰。放入日向夏，加上落蓋，加熱至90°C後熄火，置於常溫下一天。重複這個步驟2～3次。

組合・呈盤

/ 材料　裝飾用

日向夏 ································· 適量
日向夏粉 ····························· 適量
（P.209「日向夏脆片」以研磨機磨碎後的成品）

1、日向夏保留白瓤，剝去外皮，切成8等份的半月形。糖漬日向夏則瀝去水分後切成細絲狀。糖燉日向夏置於廚房紙巾上，吸去多餘水分。

2、在呈盤用的器皿左側，放上少許日向夏果醬，上面擺放剝成5cm大的蛋白糖霜。重複這個動作一次。

3、步驟2旁邊，放一片糖燉日向夏。

4、在步驟2上放一球雪酪，然後以糖漬日向夏裝飾。

5、把切成半月形的日向夏果肉再切成3片，連結在一起做裝飾。最後灑上日向夏粉。

210　日向夏冰淇淋蛋糕

大橘與義式奶凍組合
Composition d'Otachibana et panna cotta

大橘也是文旦的親戚，跟葡萄柚很像，
口味清爽但氣味淡薄。
因此把它用來跟濃郁的鮮奶油系列——
義式奶凍做組合，再以沙巴雍來點綴。
結構雖簡單，但卻是大受甜點教室學生歡迎的一品。

和風食材 40

大橘

大橘　Otachibana
Pamplemousse japonais

Data

分類	芸香科柑橘屬
主要產地	熊本縣、鹿兒島縣
產季	2～3月
挑選方法	整體顏色均勻，表皮緊實。體型不限，能夠確實感到重量感的為佳
保存方法	裝入塑膠袋，置於陰暗處或以冰箱保存

（ 大橘 ）

文旦的親戚，跟熊本縣的特產珍珠柑、鹿兒島的Sour Pomelo是相同品種。特徵是清爽的酸味及隱約的苦味，也就是所謂的「日本葡萄柚」。種子較多。

● 使用範例

帶皮熬煮成糖漬大橘或果醬
和細砂糖一起熬煮成糖漬大橘或果醬。

以烤箱烘乾成脆片
帶皮切成薄片後，以烤箱烘烤2小時乾燥後，變成脆片。之後也可以把脆片磨碎成粉末狀，混入麵糊中使用。

用果汁做成慕斯或果凍
利用果汁清爽的風味做成慕斯或果凍。

削下果皮增添風味
輕輕刨下外皮，混入冰淇淋或雪酪裡，增添香氣。

糖漬大橘 　　脆片 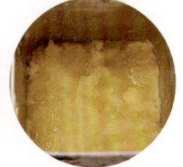　　雪酪

用於**甜點製作**時的重點

和清爽系的水果、香料都合拍
除了可以搭配濃郁的鮮奶油系之外，和同樣屬於柑橘系的水果或草莓組合，口味也很清爽。若是只以水果來組合搭配的話，可以再加入山葵、山椒、黑胡椒等帶辣度的香料，味覺對比會更明顯。

攪拌果肉以取得果汁
大橘的外皮厚實、果肉顆粒偏硬，以榨汁器不太容易取得果汁，建議先把果肉取出再以手持式均質機均質。這個做法可以完整取得果汁不浪費，又能排除果皮的苦味。

汆燙去除苦味
大橘的外皮以及白瓤帶有苦味。如果希望緩和苦味的話，可以在事前先汆燙2～3次。等份切開後再汆燙，也可以減輕白瓤的苦味。

212　大橘與義式奶凍組合

composant 1

義式奶凍
Panna cotta

材料　3～4人份

鮮奶油（乳脂含量35%）……… 150g
紅糖 …………………………… 24g
吉利丁片 ……………………… 1.2g

作法

1、吉利丁片以冰水泡軟備用。
2、鍋裡放入鮮奶油及紅糖，加熱至50°C後，放入擰去水分吉利丁片，混合溶化。
3、倒入料理盆裡，盆底浸泡冰水一邊攪拌，直到冷卻成20°C左右。
4、倒入具有深度、呈盤用的容器內，送入冰箱冷藏固定。

composant 2

大橘雪酪
Sorbet à l'Otachibana

材料　8人份

大橘的果肉 …………………… 230g
A　水 …………………………… 80g
　　麥芽糖 ………………………… 25g
　　現磨大橘表皮 ………………… 適量

B　細砂糖 ……………………… 25g
　　穩定劑 ………………………… 1g

作法

1. 鍋裡混合A，加熱直到即將煮沸前的狀態，加入混合好的B，煮沸。倒入料理盆內，盆底浸泡冰水同時混合直到散熱冷卻。

2. 步驟1裡放入大橘的果肉，以手持式均質機均質。倒入冰淇淋機內並啟動。

composant 3

大橘脆片
Chips d'Otachibana

材料　8人份

大橘 …………………………… 1/2個

Composition d'Otachibana et panna cotta

/ 作法

1. 大橘對半切開，去籽後冷凍。斷面接觸切片器削成薄片，整齊擺放於鋪有烘焙紙的烤盤上。

2. 送入預熱至90℃的烤箱內，乾燥烘烤2小時。

置15分鐘使其乾燥。

3、送入預熱至160℃的烤箱內烘烤15分鐘。出爐後直接置涼，再弄散。

composant 4

奶酥
Crumble

/ 材料　8～10人份

奶油（含鹽）……………… 20g
糖粉 ……………………… 20g
杏仁粉 …………………… 20g
低筋麵粉 ………………… 20g

/ 作法

1、在料理盆內依序加入室溫下軟化的奶油、過篩後的糖、杏仁粉、過篩後的低筋麵粉，以刮板仔細混合直到粉末完全消失。

2、以刮板把麵團整合起來，再以雙手捏成約1cm大小的塊狀，散放在鋪有烘焙紙的烤盤內。靜

composant 5

大橘沙巴雍
Sabayon à l'Otachibana

/ 材料　6人份

蛋黃 ……………………………… 40g
蜂蜜 ……………………………… 15g
大橘的果汁（果汁取法參考P.212）…… 36g
君度橙酒 …………………………… 2g

/ 作法

1. 料理盆裡放入所有材料，以小火隔水加熱，同時以打蛋器攪拌打發。打發至撈起後呈針尖狀的狀態即完成。

組合・呈盤

/ **材料** 裝飾用

大橘 ………………… 適量

1、
切下大橘的果肉瓣（1人份3瓣）。

2、
在義式奶凍上，放上止滑用的奶酥，及步驟1。

3、
在奶酥上放一球橢圓形的大橘雪酪，空位處淋上大橘沙巴雍

4、
灑上奶酥，雪酪上插上一片大橘脆片。

Composition d'Otachibana et panna cotta

烤枇杷與枇杷茶冰淇淋
Biwa rôti, crème glacée au thé de Biwa

枇杷最珍貴的特色就是其細緻優雅的氣味。
這道甜點沒有太多道手續，就能完美享受整顆枇杷的美味。
枇杷葉從古時便是新鮮藥材之一，
這次也將它用來入味，窮盡枇杷的所有滋味。
水潤多汁的烤枇杷加上冰淇淋，和爽脆的千層派皮形成了有趣的口感對比。

和風食材 41

枇 杷

びわ　Biwa
Nèfle du Japon

Data

分類	薔薇科枇杷屬
主要產地	長崎縣、千葉縣、香川縣、鹿兒島縣
產季	5月～6月中旬
挑選方法	顏色深濃、果皮有淡淡的細毛覆蓋
保存方法	果實置於陰暗處2天。新鮮葉片擦去水分後，冷藏保存

（枇杷果實）

枇杷的甜味相當高雅，而酸味則若有若無。剝皮時從尾端開始，就能輕鬆地剝除。

● 使用範例
帶皮以烤箱做成烤枇杷，或是去皮去籽後糖燉，或煮成果醬。

烤枇杷

（枇杷葉（新鮮））

從古時候就是止咳及治療胃疾相當有效的醫療用藥。用於甜點中主要用來增加香氣，用途不少。

● 使用範例
用枇杷葉覆蓋後再烘烤，就會有著淡淡的葉片香氣（參考P.218）。

☑ 事先處理
用牙刷刮去細毛
葉子背面有細毛，先以牙刷刷掉後再沖水，之後擦去水分。

烤枇杷

（枇杷葉（乾燥））

市售「枇杷茶」的原料，把乾燥後的枇杷葉以熱水沖泡而成的茶。自己製作的話，先把新鮮枇杷葉處理過後，再以80～90°C的烤箱烘烤3～4小時，乾燥烘烤。

● 使用範例
在牛奶或鮮奶油裡放入乾燥的枇杷葉，加熱悶蒸後使其精華滲透出來，之後可做成冰淇淋或慕斯。

枇杷茶冰淇淋

用於**甜點製作**時的重點

不要添加過多調味
由於枇杷的風味相當細膩，如果添加過多的調味，會把枇杷的味道掩蓋過去。以最簡潔的組合方式，才能品嘗到枇杷的原味。

枇杷可以「整顆使用」
枇杷果肉香氣微弱，要整顆使用味道才足，也才更能把它的風味強調出來。

Biwa rôti, crème glacée au thé de Biwa

composant 1

烤枇杷
Biwa rôti

材料　4人份

枇杷葉	適量
（新鮮，事前處理過〔參考P.217〕）	
枇杷	8個
Ⓐ 蜂蜜（金合歡蜜）	120g
奶油	40g

作法

1. 枇杷葉先以剪刀剪去粗的葉脈後，再把葉片切開，鋪在耐熱容器（焗烤盤或布丁盅之類）底部。上面站立擺放底部略為切平、帶皮的整顆枇杷。

2. 另取一個耐熱容器放入A，以微波爐加熱至奶油融化後，拌勻然後淋在步驟1上。再用剩下的枇杷葉覆蓋起來。

3. 以鋁箔紙整個包住後，送入預熱至180°C的烤箱裡烘烤20分鐘（烤10分鐘後取出，轉動一下枇杷讓每顆都平均受熱，再次以葉子及鋁箔紙覆蓋後烤10分鐘）。

4. 用手輕觸枇杷，如果變軟即表示完成。如果還很硬就加長烘烤時間。

composant 2

反折式千層派皮
Feuilletage inversé

材料　20人份

Ⓐ 奶油	225g
低筋麵粉	45g
高筋麵粉	45g
Ⓑ 低筋麵粉	110g
高筋麵粉	100g
鹽	8g
融化奶油	68g
水	85g

皇家糖霜

Ⓒ 蛋白	50g
糖粉	250
檸檬汁	10g

作法

1、在烘焙專用電動攪拌機的鋼盆裡放入A，以勾狀攪拌頭攪拌混合。混合成麵團後從鋼盆內取出，整形成四方形，以保鮮膜包覆起來送入冰箱靜置至少2小時。

2、B也同樣以烘焙專用的電動攪拌機混合均勻，整形成跟A一樣大小的四方形後以保鮮膜包覆起來，送入冰箱靜置至少2小時。

3、把A的麵團以擀麵棍推成縱長形，長度比B長2倍。

4、在靠近身體這側，把B的麵團重疊在A上。然後把A從另一端向身體這端折進來，接著把左右兩側及靠身體這側的邊緣封合，把B的麵團完全包覆起來。

5、把步驟4前後擀平，折疊成三折。把麵團旋轉90度角，再次前後擀平，這次折四折（對折再對折）。重複上一個動作，再次折三折後，折四折。

6、把麵團擀成5mm厚，用保鮮膜包覆起來，送入冰箱冷藏2小時（或是冷凍）。

7、在冰涼（或冷凍狀態）的千層派皮的表面，塗刷上混合均勻的C。切開成2.5×12cm的長方形，整齊排列於鋪好烘焙紙的烤盤內，送入預熱至160°C的烤箱內烘烤50分鐘。

/ 作法

1　剝去枇杷外皮、去籽、把果肉切碎。放入鍋內並加入其他所有的材料，慢火加熱。

2　取出香草莢，以手持式均質機簡單均質，約一半分量變成膏狀即可。

3　再次點火加熱，小心不要煮焦，同時慢煮至濃稠狀。

composant 3

枇杷果醬
Marmelade de Biwa

/ 材料　8人份

枇杷	250g
紅糖	25g
檸檬汁	5g
香草莢與香草籽	1/4根

composant 4

枇杷茶冰淇淋
Crème glacée au thé de Biwa

/ 材料　20人份

Ⓐ 牛奶 …… 400g
　鮮奶油（乳脂含量35%）…… 250g
　枇杷茶葉（乾燥）…… 18g

Biwa rôti, crème glacée au thé de Biwa

Ⓑ 蛋黃 ……………………………… 180g
　紅糖 ……………………………… 30g
　酸奶油 …………………………… 30g

／作法

1. 鍋裡放入A後混合，點火加熱。煮沸後熄火，加蓋悶蒸約10分鐘。

2. 料理盆裡放入B，以打蛋器磨擦混合。加入一半分量的步驟1拌勻後，再倒回鍋內，整體攪拌混合的同時，加熱至83℃。

3. 把步驟2過濾進料理盆內。這時要以矽膠刮勺下壓茶葉，以徹底取出茶葉精華。

4. 盆底浸泡冰水，一邊混合至散熱冷卻，然後加入酸奶油。倒入冰淇淋機裡並啟動。

組合・呈盤

／材料　裝飾用

枇杷葉 ………………………… 1人份1/2片
（新鮮・事前處理過〔參考P.217〕）
枇杷 …………………………………… 適量
糖粉 …………………………………… 適量

1、千層派皮從側面入刀，把厚度對半切開。輕壓下半部派皮的內側，使其變扁，放上枇杷果醬再以上層的派皮加蓋做成夾心。

2、在呈盤用的器皿，距離身體較遠的一側放上枇杷葉，葉上擺放步驟1，再加上數根切成細長形的枇杷果肉做為裝飾。器皿靠身體這側的右邊，放上一小堆枇杷果醬，做為冰淇淋固定止滑用。

3、在器皿的空白位置放上2顆烤枇杷，止滑用果醬上放一球橢圓形的枇杷茶冰淇淋。視盤內的平衡感灑上糖粉。

梅子達克瓦茲與法式冰沙
Dacquoise à l'Ume et son granite

在日本，只要到了梅子產季，
不是取梅子汁做成梅子糖漿或梅酒，
就是用鹽醃漬梅子再加工做成梅干，
我則是思索著如何能把梅子運用得更像是一種水果。
先從水煮成熟梅子開始，接著從這裡延伸發揮。
由於梅子酸度強勁，如何能讓甜味發揮出來就成為重點。

和風食材 42

梅子

梅　Ume
Abricot japonais

Data

分類	薔薇科李屬
主要產地	和歌山縣、群馬縣
產季	5月～6月中旬
挑選方法	圓潤且顏色均勻飽合、表皮緊實沒有損傷或斑點。梅子香氣明顯。
保存方法	入手後立刻處理。時間一久會產生後熟現象而變質，此外冷藏保存也會變色成茶色

(**成熟梅子**)

青梅成熟後變黃，產季比青梅晚。果肉柔軟充滿果香，成熟梅子的果肉相當適合用於甜點裡。

便於甜點製作
「水煮成熟梅子」的作法

/ **材料**　便於操作的分量

成熟梅子 …………… 500g

/ **作法**

1、以竹籤剔去成熟梅子的蒂頭。

2、把梅子放入鍋子或料理盆內（適合用於梅子的材質・參考下記），加入蓋過頂端分量的水，浸泡約1小時並去除浮沫。

3、倒掉水後梅子放入鍋內，再次加入足量的水後點火加熱。快要煮沸前（90℃）調整火力，盡量不要碰觸梅子，慢慢煮到果肉變軟為止。

4、在外皮快要裂開前，以濾網取出後直接置涼冷卻。

(**青梅**)

果肉緊實，多用於取出果汁後做成梅子糖漿或梅酒。直接使用果肉也可以加工製作成果醬或果泥。

用於**甜點製作**時的重點

避免使用金屬工具
由於梅子的酸性強，鋁箔或鐵等金屬的烘焙道具都會遭到侵蝕，一定要避免（不繡鋼短時間使用尚可）。建議使用玻璃、陶瓷、琺瑯或氟碳塗料的器具。

一定要煮透
生的梅子不能食用，一定要煮熟才行。先水煮（參考上記）後當成基底備用，之後方便運用於各種材料的加工製作。

甜度要夠明顯
由於梅子很酸，為了不要讓酸度過於強烈，一定要確實讓甜度也能發揮出來。

梅子達克瓦茲與法式冰沙

- ✓ 事先處理
水煮成熟梅子 500g 備用
（參考P.222）
Ume mûr cuit

composant 1

梅子達克瓦茲
Dacquoise à l'*Ume*

1 梅子果醬
Marmelade d'*Ume*

／材料　便於操作的分量

水煮成熟梅子（參考P.222）……… 淨重200g
細砂糖 ……………………………………… 80g
蜂蜜 ………………………………………… 20g
NH果膠粉 …………………………………… 2g

／作法

1. 水煮成熟梅子去籽、依喜好去皮後，計算重量。

2. 鍋裡（適合用於梅子的材質可參考P.222）放入步驟1、一半分量的細砂糖、蜂蜜，點火加熱同時攪拌，直到煮沸。

3. 把剩下的細砂糖和果膠粉混合好，加入步驟2內。轉小火持續攪拌煮至鍋內出現光澤感。熄火置涼冷卻。

2 梅子奶餡
Crème au beurre à l'*Ume*

／材料　16人份

奶油 ……………………………………… 135g
全蛋 ……………………………………… 45g
水 ………………………………………… 30g
細砂糖 …………………………………… 90g
梅子果醬（參考左記）……… 約80g

／作法

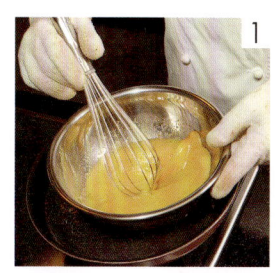

1. 奶油置於室溫下軟化。料理盆裡放入全蛋及水，以打蛋器攪拌打散，再加入細砂糖。隔水加熱同時攪拌至75°C。

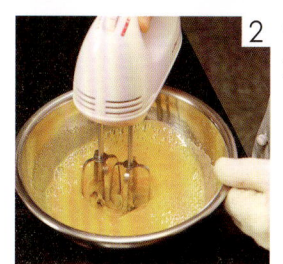

2. 停止加熱，以手持式電動攪拌機混合攪拌，直到降溫至30°C左右。

Dacquoise à l'Ume et son granite

3 慢慢少量加入奶油，每次加入後都以攪拌機混合拌勻。最後完成奶餡。

4 加入梅子果醬，以打蛋器混合攪拌。如果梅子果醬分量過多的話，會跟奶餡油水分離，請多注意。

6、送入預熱至175°C的烤箱烘烤約15分鐘。出爐後置於網架上，散熱冷卻。

4 完工
Finition

/ 作法

1 在裝有10mm圓型花嘴的擠花袋內，裝入梅子奶餡。在一半分量的達可瓦茲餅上，擠入平面的奶餡，外側預留5mm的距離。把剩下的達克瓦茲蓋上來，做成夾心。送入冰箱冷藏約1小時。

3 杏仁達克瓦茲
Pâte à dacquoise aux amandes

/ 材料 16～18片（8～9人份）

Ⓐ 杏仁粉 ………………… 100g
  糖粉 …………………… 100g
  低筋麵粉 ……………… 50g
蛋白 ……………………… 115g
細砂糖 …………………… 40g
糖粉 ……………………… 適量

/ 作法

1、混合好A過篩備用。
2、料理盆裡放入蛋白，以手持式電動攪拌機輕輕打發。加入細砂糖，最後打發至撈起後呈針尖狀的硬式固態蛋白糖霜。
3、把步驟1分成2～3次加入步驟2內，矽膠刮勺以盡量不破壞氣泡的手法快速俐落混合拌勻。
4、在烤盤內鋪上烘焙紙，放上達克瓦茲烤模。以擠花袋在烤模內擠上略多的麵糊，再以刮板整平表面。
5、輕輕搖晃並取下烤模，灑上糖粉。

composant 2

煮梅子糖漿
Ume au sirop

/ 材料 15人份

Ⓐ 水 ……………………… 150g
  細砂糖 ………………… 150g
水煮成熟梅子（參考P.222）…… 15個

作法

1. 鍋裡（適合用於梅子的材質可參考P.222）放入A，點火加熱的同時攪拌混勻，使材料溶化，做成糖漿。

2. 步驟1熄火，待溫度降至90°C後，放入拭去水分的水煮成熟梅子。

3. 以烘焙紙做成落蓋，再以小火加熱，溫度保持在90°C煮2～3分鐘。之後熄火，靜置一晚。

4. 取出梅子，小火加熱糖漿至90°C（如果想要增加甜度的話，此時可加入150g細砂糖）。放回梅子，重複一次步驟3。

composant 3

梅子法式冰沙
Granité à l'Ume

材料　6人份

吉利丁片	2g
水	150g
糖漿煮梅子（參考P.224）成品的梅子糖漿	150g

作法

1、吉利丁片浸泡冰水軟化。

2、鍋裡放入水，加熱至40～50°C後熄火。加入擰去水分的吉利丁，仔細混合完全溶化。倒入耐熱容器內加入梅子糖漿，送入冷凍庫。

3、凝結變硬後，以叉子混拌開來再次冷凍。重複這個動作數次，完成最後的冰沙狀。

組合・呈盤

材料　裝飾用

糖粉	適量

1、取一個梅子糖漿的梅子，對半切開，去籽，再切成6等份的半月形。盛入小玻璃杯內。

2、達克瓦茲對半切開灑上糖粉，置於呈盤用器皿的右側。在步驟1的玻璃杯裡裝入梅子法式冰沙，再以切成小塊的梅子糖漿果肉裝飾，置於同一個呈盤器皿上。

Dacquoise à l'Ume et son granite

輕炒李子柳橙鮮奶油
Sumomo sauté, crème légère à l'orange

李子的果皮酸味正是其魅力所在。
李子整顆帶皮以烤箱烘乾水分、滋味集中濃縮後，
再以蕎麥粥餅做成夾心，上面擺放輕炒李子果肉。
搭配奶香味十足的柑橘奶餡一起享用，
既能緩和李子的酸度，又能帶來滋潤豐富的口感變化。

和風食材 43

李子

すもも　Sumomo
Prune japonaise

Data

分類	薔薇科李屬
主要產地	山梨縣、長野縣、和歌山縣
產季	6月中旬～8
挑選方法	顏色鮮豔、縱向線條的左右兩側比例對稱、扎實有重量感。有果粉（表皮上的白色粉末）的代表新鮮
保存方法	以報紙之類的包好後放入保鮮袋，冷藏保存

（李子）

果肉帶有適度的甜味，但果皮卻酸度十足，是李子的最大的特色。日本國內產量最大的就是如照片上的「大石早生」品種。尚未熟透的李子以報紙包住後置於室溫下，就會後熟。

● 使用範例

除了烘烤、輕炒、做成果醬外，也可以做成果泥後過濾，混合在醬汁或湯品裡。很多東西裡都可以加入李子。

烤李子　　輕炒李子

用於**甜點製作時**的重點

使用靠近果皮的「酸味」
李子愈靠近果皮位置愈酸，這也是李子最大的特色，建議帶皮使用。由於酸度明顯，和奶餡類充滿奶香的材料混合後，就能找到口味的平衡感。

會破壞凝固劑的作用
由於李子酸度強烈，就算加了凝固劑也不太會凝結，這點要留意。

顏色不易維持
李子容易氧化，斷面很快就會變成茶色。稍微加熱也會變色，可視需求加入抗氧化劑來幫助抑制氧化。

Sumomo sauté, crème légère à l'orange

composant 1

烤李子
Sumomo au four

材料　12人份

李子（成熟）………… 12顆（小顆的話18顆）
紅糖*1 ………………………………………… 適量

作法

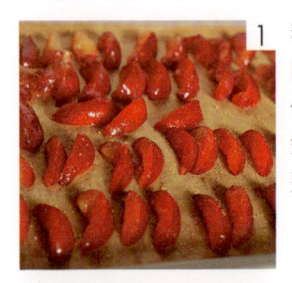

1. 李子洗淨，帶皮對半切開後去籽，再切成8等份半月形。整齊排列於鋪好烘焙紙的烤盤內，整體灑上紅糖。

2. 送入預熱至170°C的烤箱內烘烤15〜20分鐘。中途若李子的邊緣烤焦的話，就調降溫度，以不烤焦為原則。

3. 烤至李子出水且水分蒸發即OK。在還沒有黏死前用湯匙舀起（除去烤焦的部分），置於料理鋼盤內備用。

*1 紅糖的分量請考量李子的熟度及甜度，適量取用。

composant 2

蕎麥粥餅
Bouillie de sarrasin

材料　12人份

蕎麥籽（烘烤後的成品*2）……… 50g
牛奶 …………………………………… 180g
紅糖 …………………………………… 20g
烤李子（參考左記）…………… 全量
奶油 …………………………………… 適量

作法

1. 把蕎麥籽以廚房紙巾上下夾住，再以擀麵棍稍微壓碎。

2. 鍋裡放入牛奶、紅糖、步驟1，以矽膠刮勺一邊攪拌同時加熱。煮至水分蒸發、整地質地黏稠後即可熄火。

3. 取2大張廚房紙巾上下夾住步驟2，以擀麵棍推成5mm厚度。直接對折起來，送入冰箱冷藏約30分鐘固定。

*2 以150°C烤箱烘烤10分鐘後的成品。只要稍微烤上色即可。

4 把步驟3攤平，在半片蕎麥粥餅上以抹刀塗抹烤李子，再把另外半塊折疊加蓋上來，做成夾心。切開成3X10cm的長方形。

5 呈盤前最後一刻，在平底鍋內以加熱過的奶油兩面煎焦。

2 以平底鍋中火加熱細砂糖，做成淡焦糖。加入奶油及步驟1，整體攪拌均勻再倒入白蘭地，表面點火以揮發酒精。

composant 4

柳橙輕奶餡
Crème légère à l'orange

／材料　10人份

Ⓐ 鮮奶油（乳脂含量35%）⋯⋯ 120g
　　酸奶油 ⋯⋯⋯⋯⋯⋯⋯⋯⋯⋯ 100g
甜點奶餡（參考P.230）⋯⋯⋯⋯ 100g
柳橙果醬（參考P.107）⋯⋯⋯⋯ 60g

／作法

1、料理盆裡混合A後打發成九分發，加入甜點奶餡混合均勻。
2、加入柳橙果醬，混合均勻。

composant 3

輕炒李子
Sumomo sauté

／材料　2人份

李子 ⋯⋯⋯⋯⋯⋯⋯⋯⋯⋯⋯ 3顆
細砂糖 ⋯⋯⋯⋯⋯⋯⋯⋯⋯⋯ 20g
奶油 ⋯⋯⋯⋯⋯⋯⋯⋯⋯⋯⋯ 6g
白蘭地 ⋯⋯⋯⋯⋯⋯⋯⋯⋯⋯ 3g

／作法

1 李子洗淨，帶皮對半切開後去籽，再切成8等份半月形。

Sumomo sauté, crème légère à l'orange

229

甜點奶餡
Crème pâtissière

/ 材料　便於操作的分量

牛奶	1250g
A 蛋黃	32g
細砂糖	23g
低筋麵粉	6g
玉米粉	6g
吉利丁片	0.5g
奶油	10g

/ 作法

1、吉利丁片浸泡冰水軟化。鍋裡放入牛奶，加熱直到即將煮沸前。
2、料理盆裡放入A後混合拌勻，再倒入步驟1的牛奶，混合均勻。過濾回鍋內，以中火加熱同時以矽膠刮勺持續攪拌直到質地呈現光澤感。
3、加入擰去水分的吉利丁片、奶油，仔細拌勻。鍋底浸泡冰水散熱冷卻。

組合・呈盤

/ 材料　裝飾用

現磨柳橙皮 ………………………… 適量

1、
在呈盤用的器皿左側放上蕎麥粥餅，上面擺滿輕炒李子。

2、
器皿右側放上一球橢圓形的柳橙輕奶餡。最後整體灑上現磨柳橙皮。

柿子克拉芙緹及那不勒斯雪酪
Clafoutis au Kaki, sorbet napolitain

想要傳達「戀姬柿」的美味，
因此選擇以簡單的克拉芙緹來表現。
柿子果醬配上酸度清爽怡人的法式白奶酪冰沙，
是冷熱對比的組合。
剩下的柿子果醬也可以搭配藍紋起司，
做成香煎鴨胸肉的醬汁，活用於其他料理之中。

和風食材 44

柿子

柿　Kaki
Plaquemine du Japon

Data

分類	樹科柿屬
主要產地	和歌山縣、奈良縣、福岡縣等日本各地
產季	10月～11月中旬
挑選方法	蒂頭顏色深、跟果實緊密貼合在一起。果實扎實有重量感。
保存方法	把蒂頭朝下，甜味就會在果實裡均勻擴散開來

上下顛倒保存
讓柿子蒂頭朝下擺放，甜度自然會完整擴散。如果希望保存久一點的話，就上下顛倒讓蒂頭觸碰沾濕的紙巾，冷藏保存。

（ 戀姬姊 ）
甜柿裡最受矚目的品種。栽培不易數量稀少，糖分高氣味濃。

柿子克拉芙緹

● 使用範例
可做成克拉芙緹或果醬。柿子味道纖細，最好不要繁複加工製作，能夠吃到柿子原味的做法最好。

柿子果醬

（ 柿子 ）
柿子大致分為甜柿及澀柿2種。品種繁多，次郎柿及富有柿為甜柿的代表品種。澀柿若要以新鮮食品販售的話，會經過去澀處理後才出貨。

（ 安保柿餅 ）
澀柿經過硫磺薰蒸後的產品。呈半生熟的狀態，特色是仍然多汁。用法與水果乾相同。

用於**甜點**製作時的重點

搭配香料或香草都很OK
柿子和醋醬這類帶酸味的食材很搭調。此外，與山椒果實、黑胡椒、肉桂、檸檬草、墨角蘭等香料或香草也很合拍。

使用凝固劑時多注意
由於柿子含有酵素，像蕨餅這類的凝固劑就會難以凝結。這種情況下要先把柿子煮過一次後再加入凝固劑。

慎選柿子的硬度
柿子成熟後果實會變軟，請依照要製作的甜點種類來挑選柿子的硬度。要煮柿子果醬這類軟散質地的話，選軟柿會比硬柿合適。

232　柿子克拉芙緹及那不勒斯雪酪

composant 1

柿子克拉芙緹
Clafoutis au Kaki

/ 材料　直徑 8cm 的焗烤碗 20 個份

醬料
- 全蛋 ……………………………… 150g
- 蛋黃 ……………………………… 15g
- 紅糖 ……………………………… 60g
- 低筋麵粉 ………………………… 25g
- 香草籽 …………………………… 1/2根份
- 酸奶油 …………………………… 100g
- 鮮奶油 …………………………… 300g

裝飾用　　　　　　　　　　　**裝飾用**
- 柿子（戀姬柿／硬柿*）………… 1人份約1/2個
- 杏仁粉 …………………………… 適量

/ 作法

1. 料理盆內依序加入醬料的材料，每加入一樣都以打蛋器仔細攪拌均勻。過濾後以保鮮膜加蓋，靜置冰箱冷藏1小時。

2. 柿子摘去蒂頭，剝去外皮切成16等份的半月形。如果有籽也去除。

3. 在每個焗烤碗底部鋪上約5g的杏仁粉，把切成半月形的柿子以放射狀排列進碗內，中間再放上2片對半切開的柿子。

3. 攪拌一下醬料，每個焗烤碗內倒入約30g的量。放上烤盤，送入預熱至170°C的烤箱烘烤約12分鐘。

composant 2

柿子果醬
Marmelade de Kaki

/ 材料　便於操作的分量

- 柿子（成熟）……… 淨重350g
- 檸檬汁 …………………………… 16g
- 現磨黑胡椒顆粒 ………………… 0.5g
- A 細砂糖 ………………………… 30g
- 　果膠 …………………………… 4g

/ 作法

1. 柿子去皮，若有籽也去除，大致切塊。放入鍋內，加入檸檬汁、黑胡椒後點火加熱，偶爾攪拌一下，煮至喜好的濃縮程度。

* 若使用戀姬柿以外的品種，請挑選熟柿

Clafoutis au Kaki, sorbet napolitain

2　加入混合好的A，煮至產生濃稠度*。倒入料理盆內，盆底浸泡冰水同時攪拌直到冷卻。

組合・呈盤

／材料　裝飾用

柿子 ………………………………… 適量
紅糖 ………………………………… 適量

1、柿子去蒂頭削皮，再以削皮器把果肉削成幾條緞帶狀。剩餘果肉切成5mm塊狀，用來做為雪酪的固定止滑用，置於呈盤用的器皿右下側。

2、柿子克拉芙緹出爐後，在表面灑上紅糖，以噴槍稍微炙燒。以緞帶狀的柿子裝飾，之後擺放在呈盤用的器皿的左上側。

3、取一球橢圓形的柿子法式白奶酪那不勒斯雪酪，放在止滑固定用的柿子果肉上。

---

composant 3

柿子法式白奶酪那不勒斯雪酪

Sorbet napolitain au Kaki / fromage blanc

／材料　6～8人份

法式白奶酪冰沙
Ⓐ　水 …………………… 140g
　　麥芽糖 ……………… 24g
　　細砂糖 ……………… 40g
　法式白奶酪 …………… 100g
　鮮奶油（乳脂含量35%）…… 45g
　檸檬汁 ………………… 15g
　蜂蜜 …………………… 12g
柿子果醬（參考P.233）…… 適量

／作法

1、製作法式白奶酪冰沙。鍋裡加入A後煮沸，做成糖漿之後置涼冷卻。
2、把步驟1跟其他材料混合，倒入冰淇淋機內並啟動。
3、冰沙完成後，再跟柿子果醬交互層疊3～4次後，送入冷凍庫保存。

* 如果想知道冷卻後的濃稠狀態，可以在冰水上放鋼盤後，淋上少許果醬使其急速冷卻。

index

甜點元素種類別索引

這裡將本書中介紹的甜點組成元素，
以種類別重新整理分類。
你也可以自由組合，
打造出全新的甜點。

・和菓子的變化

紅豆、煮豆

- 010　黑豆煮
  Kuromame cuit
- 015　紅豆泥
  Pâte d'Azuki tamisée
- 015　紅豆沙
  Bouillie d'Azuki sucrée
- 015　水煮紅豆
  Azuki cuit

丸子、糕餅、葛餅

- 137　白玉丸子
  Boules de Shiratama
- 157　百香果葛粉條
  Gelée de Kuzu au fruit de la passion
- 157　蕨餅
  Warabimochi

淡雪羹、真薯

- 016　紅豆的淡雪羹
  Gelée d'Azuki
- 046　番薯蘋果的真薯
  SHINJO de Satsumaimo et pomme

・基底麵團

奶酥、沙布列、菸捲餅乾、格子鬆餅、甜塔皮

- 041　毛豆格子鬆餅
  Gaufrettes à l'Edamame
- 192　豆腐渣奶酥
  Crumble à l'Okara
- 102　奶酥
- 214　Crumble
- 125　黑糖沙布列
  Sablé au Kokuto
- 052　椰子沙布列
  Sablés à la noix de coco
- 075　山椒粉菸捲餅乾
  Cigarettes au Sansho
- 053　甜塔皮
  Pâte sucrée
- 081　生薑沙布列
  Sablé au Shoga
- 176　焙茶菸捲餅乾
  Cigarettes au Hojicha

反折式千層派皮、海綿蛋糕、鬆餅、麻花千層酥

- 111　酒粕鬆餅
  Pancakes au Sakékasu

202 巧克力海綿蛋糕
Génoise au chocolat

134 反折式千層派皮
218 Feuilletage inversé

131 和三盆麻花千層棒
Sacristanins au Wasanbon

達克瓦茲、成功蛋糕、餅乾

087 杏仁達克瓦茲
224 Pâte à dacquoise aux amandes

92 白味噌成功蛋糕
Biscuits succès au Miso blanc

152 蕨粉手指餅乾
Biscuits à la cuillère au Warabi

油炸基底（酥炸、脆餅、吉拿餅）

038 黍米脆餅
Craquelins de Kibi

058 酥炸菊花
Frites de Kiku

141 道明寺粉吉拿棒
Churros au Domyoji

烘餅、可麗餅、蕎麥粥餅、妃樂

037 黍米烘餅
Galette au Kibi

136 白玉可麗餅餅皮
Pâte à crêpe au Shiratama

228 蕎麥粥餅
Bouillie de sarrasin

164 妃樂酥皮
Pâte filo

蛋糕、舒芙蕾、法式布丁

016 紅豆起司蛋糕
Cheesecake à l'Azuki

187 黃豆粉蛋糕
Gâteau au Kinako

157 葛粉榛果法式布丁
Flan au Kuzu et praliné noisette

172 抹茶舒芙蕾
Soufflé au Matcha

馬卡龍

071 紅紫蘇馬卡龍
Macarons au Shiso rouge

蛋白糖霜

106 酒粕蛋白糖霜
Meringue au Sakékasu

208 日向夏蛋白糖霜
Meringue au Hyuganatsu

· 配料

焦糖（堅果類）、烘烤、佛倫羅汀脆餅

183 焦糖杏仁
Amandes caramélisées

098 醬油佛倫羅汀脆餅
Florentins au Shoyu

023 烘烤蕎麥籽
Graines de Soba torrefiées

159 焦糖堅果
Fruits secs caramélisés

093 味噌胡桃
Noix de pécan caramélise au Miso

砂糖

042 糖晶毛豆
Edamame cristallisé

脆片

213 大橘脆片
Chips d'Otachibana

146 上新粉脆片
Chips de Joshinko

209 日向夏脆片
Chips de Hyuganatsu

203 柚子風味脆片
Chips au Yuzu

086 山葵脆片
Chips de Wasabi

瓦片

121 米麴甜酒瓦片
Tuiles à l'Amazaké

027 芝麻瓦片
Tuiles au Goma

053 櫻花瓦片
Tuiles aux fleurs de Sakura

022 蕎麥粉瓦片
Tuiles à la farine de Soba

· 千層脆片、穀麥、脆餅等

焦糖（堅果類）、烘烤、佛倫羅汀脆餅

011 煎黑豆帕林內脆片
Praliné feuillantine au Kuromame grille

033 玄米香穀麥
Granola au Genmai soufflé

126 黑糖薏仁脆餅
Croquants de larmes de Job au Kokuto

087 巧克力杏仁脆餅
Croquant chocolat / amandes

147 巧克力花生脆餅
Croquant chocolat / cacahouètes

- **水果、草本組合**

  ### 輕炒
  - 081 生薑風味糖炒草莓
    Fraises sautée parfumées au Shoga
  - 229 輕炒李子
    Sumomo sauté
  - 116 輕炒鹽麴鳳梨
    Ananas sauté au Shio-Koji

  ### 糖漬、糖燉
  - 070 紅紫蘇糖燉桃
    Pêches pochées au Shiso rouge
  - 116 糖漬柑橘
    Agrumes confits
  - 080 糖漬嫩薑
    Shoga nouveau confit
  - 017 糖燉白桃
    Pêches blanches pochées
  - 085 漬山葵葉
    Tiges de Wasabi pochées
  - 209 糖燉日向夏
    Hyuganatsu poché
  - 209 糖漬日向夏
    Hyuganatsu confi
  - 076 糖燉山椒果實
    Confit de baies de Sansho
  - 153 糖燉蜜柑
    Mandarine pochées
  - 111 酒粕燙煮葡萄乾
    Raisins sec pochées au Sakékasu

  ### 糖煮水果、糖漿
  - 224 糖漿煮梅子
    Ume au sirop
  - 193 糖煮蘋果泥
    Compote de pommes
  - 093 糖煮檸檬
    Compote de citron

  ### 甜酸醬
  - 171 甜酸醬
    Chutney

  ### 焦糖（水果類）
  - 188 焦糖柳橙果醬
    Marmelade d'oranges caramélisées
  - 138 白玉焦糖蘋果
    Shiratama et pommes caramélisés
  - 097 醬油焦糖半乾無花果
    Figues semi-séchées caramélisées au Shoyu
  - 177 焦糖水梨
    Poires japonaises caramélisées
  - 033 焦糖鳳梨
    Ananas caramélisé

  ### 烘、烤
  - 228 烤李子
    Sumomo au four
  - 218 烤枇杷
    Biwa rôti
  - 193 烤蘋果
    Pommes au fouru

  ### 克拉芙緹
  - 233 柿子克拉芙緹
    Clafoutis au Kaki

  ### 醃漬
  - 112 酒粕醃巨峰葡萄
    Raisins géants marinés au Sakékasu

  ### 果汁、水煮
  - 069 紅紫蘇汁
    Jus de Shiso rouge
  - 222 水煮成熟梅子
    Ume mûr cuit

- **法式奶凍、布丁、奶餡等**

  ### 法式奶凍、義式奶凍、慕斯
  - 120 米麴甜酒法式奶凍
    Blanc-manger à l'Amazaké
  - 182 豆腐慕斯
    Mousse au Tofu
  - 213 義式奶凍
    Panna cotta
  - 130 和三盆義式奶凍
    Panna cotta au Wasanbon

  ### 布丁、烤布蕾
  - 192 豆腐渣布丁
    Pudding à l'Okara
  - 176 焙茶烤布蕾
    Crème brûlée au Hojicha
  - 064 艾草布丁
    Crème au Yomogi

  ### 奶餡
  - 071 紅紫蘇奶油霜
    Crème au beurre Shiso rouge
  - 223 梅子奶餡
    Crème au beurre à l'Ume
  - 229 柳橙輕奶餡
    Crème légère à l'orange
  - 058 菊花血橙乳酪奶餡
    Crème au fromage Kiku / orange sanguine
  - 032 英式蛋奶醬
    Crème anglaise

065　香緹鮮奶油
188　Crème Chantilly

230　甜點奶餡（卡士達醬）
　　　Crème pâtissière

102　蕾婕奶餡
　　　Crème légère

260　芝麻帕林內奶餡
　　　Crème au pralinè de Goma

087　巧克力香緹鮮奶油
　　　Chantilly chocolat

165　煎茶奶餡
　　　Crème Sencha

147　花生香緹鮮奶油
　　　Chantilly cacahouètes

196　馬斯卡彭奶餡
　　　Crème mascarpone

117　馬斯卡彭甜點奶餡
　　　Crème pâtissière mascarpone

203　柚子馬斯卡彭起司香緹鮮奶油
　　　Crème Chantilly Yuzu / mascarpone

085　山葵檸檬奶餡
　　　Crème Wasabi / citron

沙巴雍、奶汁

214　大橘沙巴雍
　　　Sabayon à l'Otachibana

034　椰子奶泡
　　　Émulsion coco

• 醬汁、抹醬、帕林內

醬汁

042　毛豆醬
　　　Sauce d'Edamame

060　菊花醬汁
　　　Sauce au Kiku

183　焦糖醬
　　　Sauce caramel

107　日本酒柳橙醬
　　　Sauce Saké / orange

167　煎茶抹醬
　　　Pesto au Sencha

148　巧克力醬
　　　Sauce au chocolat

158　百香果芒果醬
　　　Sauce passion / mangue

121　覆盆子醬
　　　Sauce de framboises

101　味醂覆盆子醬
　　　Sauce Mirin / framboises

046　檸檬醬汁
　　　Sauce au citron

065　艾草醬
　　　Sauce de Yomogi

抹醬、果泥

042　毛豆醬
　　　Purée d'Edamame

047　蘋果泥
　　　Purée de pommes

帕林內

026　芝麻帕林內
　　　Praliné de Goma

147　花生帕林內
　　　Praliné cacahouètes

• 果凍、果醬等

果凍

069　紅紫蘇凍
　　　Gelée de Shiso rouge

010　黑豆茶凍
　　　Gelée au thé de Kuromame

141　道明寺粉凍
　　　Gelée de Domyoji

017　白桃果凍
　　　Gelée de pêches blanches

果醬 Confiture

113　巨峰葡萄果醬
　　　Confiture de raisins géants

051　櫻花果醬
　　　Confiture de fleurs de Sakura

130　和三盆李子果醬
　　　Confiture de Wasanbon au prunes japonais

果醬 Marmelade

053　草莓果醬
142　Marmelade de fraises

107　柳橙果醬
　　　Marmelade d'oranges

233　柿子果醬
　　　Marmelade de Kaki

165　柑橘果醬
　　　Marmelade d'agrumes

037　黑櫻桃果醬
　　　Marmelade de cerises noires

197　鳳梨果醬
　　　Marmelade d'ananas

207　日向夏果醬
　　　Marmelade de Hyuganatsu

059　血橙果醬
　　　Marmelade d'oranges sanguines

102　覆盆子果醬
　　　Marmelade de framboises

022 藍莓果醬
Marmelade de myrtilles

153 蜜柑果醬
Marmelade de mandarins

075 山椒果實芒果果醬
Marmelade de baise de Sansho / mangue

202 柚子果醬
Marmelade de Yuzu

136 蘋果水梨果醬
Marmelade pomme / poire japonais

219 枇杷果醬
Marmelade de Biwa

・米布丁、燉飯、牛奶

021 蕎麥米布丁
Graines de Soba au lait

032 發芽玄米燉飯
Risotto de Genmai germé

197 乾燥豆腐皮西米露
Yuba et tapioca au lait

・冰涼甜點

芭菲、冰凍慕斯

052 櫻花葉芭菲
Parfait aux feuilles de Sakura

106 冰凍日本酒慕斯
Mousse galcée au Saké

092 白味噌芭菲
Parfait au Miso blanc

冰淇淋

187 黃豆粉冰淇淋
Crème glacée au Kinako

028 黑芝麻冰淇淋
Crème glacée au Goma noir

120 米麴甜酒冰淇淋
Crème glacée à l'Amazaké

064 黑糖冰淇淋
125 Crème glacée au Kakuto(sucre de canne brun)

112 酒粕葡萄乾冰淇淋
Crème glacée au Sakékasu / raisins secs

047 番薯冰淇淋
Crème glacée au Satsumaimo

097 醬油冰淇淋
Crème glacée au Shoyu

021 蕎麥茶冰淇淋
Crème glacée aux graines de Soba torréfiées

137 香草冰淇淋
154 Crème glacée à la vanilla

219 枇杷茶冰淇淋
Crème glacée au thé de Biwa

171 抹茶冰淇淋
Crème glacée au matcha

158 牛奶巧克力冰淇淋
Crème glacée chocolat au lait

雪酪

207 日向夏雪酪
Sorbet au Hyuganatsu

070 紅紫蘇粉紅香檳雪酪
Sorbet au Shiso rouge / champagne rosé

213 大橘雪酪
Sorbet à l'Otachibana

202 可可碎粒雪酪
Sorbet aux grués de cacao

234 柿子法式白奶酪那不勒斯雪酪
Sorbet napolitain au Kaki / fromage blanc

076 山椒粉優格雪酪
Sorbet Sansho / yaourt

116 米麴雪酪
Sorbet au Kome-Koji

080 生薑雪酪
Sorbet au Shoga

146 巧克力雪酪
Sorbet au chocolat

177 水梨雪酪
Sorbet aux poires japonaises

126 香草雪酪
143 Sorbet à la vanille

207 日向夏雪酪
Sorbet au Hyuganatsu

059 血橙雪酪
Sorbet à l'orange sanguine

041 法式白奶酪冰沙
Sorbet au fromage blanc

101 味醂檸檬雪酪
Sorbet Mirin / citron

011 牛奶巧克力雪酪
Sorbet chocolat au lait

086 山葵雪酪
Sorbet au Wasabi

法式冰沙

225 梅子法式冰沙
Granité à l'Ume

167 煎茶法式冰沙
Granité au Sencha

・其他

182 法式吐司風高野豆腐
Koya-Dofu comme un pain perdu

047 炸番薯
Frites de Satsumaimo

196 焙烤乾燥豆腐皮
Yuba grillé

：和風法式甜點：

★ 三星餐廳甜點師的盤式甜點設計 ★

和素材デザートの発想と組み立て
菊、枝豆、しょうゆ、ほうじ茶…和の食材の可能性を広げる
Le Japonisme, Idées et Montages des Desserts

作　　者	田中真理	日本工作人員	
譯　　者	丁廣貞	編輯・撰文	早田昌美
審　　訂	Ying C. 陳穎	攝　　影	曳野若菜
裝幀設計	黃昀嘉	（P40毛豆、P79生薑、P84山葵花、P140道明寺櫻花餅、	
責任編輯	王辰元	P151蕨菜根植物、P156葛根植物、P163茶園、P201青柚子除外）	
		裝幀設計	小川直樹
發 行 人	蘇拾平	法語校對	酒卷洋子
總 編 輯	蘇拾平		
副總編輯	王辰元	食器協力	ミヤザキ食器株式会社www.mtsco.co.jp
資深主編	夏于翔		
主　　編	李明瑾	協　　力	一般社団法人日本発酵文化協会www.hakkou.or.jp
行銷企畫	廖倚萱		
業務發行	王綬晨、邱紹溢、劉文雅		

出　　版　日出出版
　　　　　新北市231新店區北新路三段207-3號5樓
　　　　　電話：（02）8913-1005 傳真：（02）8913-1056

發　　行　大雁出版基地
　　　　　新北市231新店區北新路三段207-3號5樓
　　　　　24小時傳真服務 （02）8913-1056
　　　　　Email：andbooks@andbooks.com.tw
　　　　　劃撥帳號：19983379　戶名：大雁文化事業股份有限公司

二版一刷　2024年8月
定　　價　650元
Ｉ Ｓ Ｂ Ｎ　978-626-7460-80-1
Ｉ Ｓ Ｂ Ｎ　978-626-7460-78-8（EPUB）

國家圖書館出版品預行編目（CIP）資料

和風法式甜點：三星餐廳甜點師的盤式甜點設計 / 田中真理著；丁廣貞譯. -- 二版. -- 新北市：日出出版：大雁文化事業股份有限公司發行, 2024.08
　面；公分. --
　譯自：和素材デザートの発想と組み立て
　ISBN 978-626-7460-80-1（平裝）

1. 點心食譜

427.16　　　　　　　　　　　113009770

Printed in Taiwan・All Rights Reserved
本書如遇缺頁、購買時即破損等瑕疵，請寄回本公司更換

WASOZAI DESSERT NO HASSO TO KUMITATE：
KIKU、EDAMAME、SHOYU、HOJICHA…WA NO SHOKUZAI NO KANOSEI WO HIROGERU
Copyright © Mari Tanaka 2020
All rights reserved.
Originally published in Japan in 2020 by Seibundo Shinkosha Publishing Co., Ltd.,Traditional Chinese translation rights arranged with Seibundo Shinkosha Publishing Co., Ltd.,
through Keio Cultural Enterprise Co., Ltd.